助力乡村振兴
出版计划

【现代种植业实用技术系列】

鲜食葡萄
优质高效栽培技术

主　　编　孙其宝

编写人员　孙其宝　周军永　陆丽娟

朱淑芳　刘　茂

U0396162

时代出版传媒股份有限公司

安徽科学技术出版社

图书在版编目(CIP)数据

鲜食葡萄优质高效栽培技术 / 孙其宝主编. --合肥：安徽科学技术出版社,2022.12

助力乡村振兴出版计划.现代种植业实用技术系列

ISBN 978-7-5337-8068-5

Ⅰ.①鲜…　Ⅱ.①孙…　Ⅲ.①葡萄栽培
Ⅳ.①S663.1

中国版本图书馆 CIP 数据核字(2022)第 200037 号

鲜食葡萄优质高效栽培技术　　　　　　　　　　　　　　主编　孙其宝

出 版 人：丁凌云　选题策划：丁凌云　蒋贤骏　王筱文　责任编辑：田　斌
责任校对：戚革惠　责任印制：李伦洲　　　　　　　　　　装帧设计：王　艳
出版发行：安徽科学技术出版社　　　　　http://www.ahstp.net
(合肥市政务文化新区翡翠路 1118 号出版传媒广场,邮编:230071)
电话：(0551)63533330
印　　　制：安徽联众印刷有限公司　　电话:(0551)65661327
(如发现印装质量问题,影响阅读,请与印刷厂商联系调换)

开本：720×1010　1/16　　　印张：9.5　　　字数：119 千
版次：2022 年 12 月第 1 版　　2022 年 12 月第 1 次印刷

ISBN 978-7-5337-8068-5　　　　　　　　　　定价：39.00 元

"助力乡村振兴出版计划"编委会

主 任

查结联

副主任

陈爱军　罗　平　卢仕仁　许光友
徐义流　夏　涛　马占文　吴文胜
董　磊

委 员

胡忠明　李泽福　马传喜　李　红
操海群　莫国富　郭志学　李升和
郑　可　张克文　朱寒冬　王圣东
刘　凯

【现代种植业实用技术系列】

（本系列主要由安徽省农业科学院组织编写）

总主编：徐义流
副总主编：李泽福　杨前进

出版说明

"助力乡村振兴出版计划"(以下简称"本计划")以习近平新时代中国特色社会主义思想为指导,是在全国脱贫攻坚目标任务完成并向全面推进乡村振兴转进的重要历史时刻,由中共安徽省委宣传部主持实施的一项重点出版项目。

本计划以服务乡村振兴事业为出版定位,围绕乡村产业振兴、人才振兴、文化振兴、生态振兴和组织振兴展开,由《现代种植业实用技术》《现代养殖业实用技术》《新型农民职业技能提升》《现代农业科技与管理》《现代乡村社会治理》五个子系列组成,主要内容涵盖特色养殖业和疾病防控技术、特色种植业及病虫害绿色防控技术、集体经济发展、休闲农业和乡村旅游融合发展、新型农业经营主体培育、农村环境生态化治理、农村基层党建等。选题组织力求满足乡村振兴实务需求,编写内容努力做到通俗易懂。

本计划的呈现形式是以图书为主的融媒体出版物。图书的主要读者对象是新型农民、县乡村基层干部、"三农"工作者。为扩大传播面、提高传播效率,与图书出版同步,配套制作了部分精品音视频,在每册图书封底放置二维码,供扫码使用,以适应广大农民朋友的移动阅读需求。

本计划的编写和出版,代表了当前农业科研成果转化和普及的新进展,凝聚了乡村社会治理研究者和实务者的集体智慧,在此谨向有关单位和个人致以衷心的感谢!

虽然我们始终秉持高水平策划、高质量编写的精品出版理念,但因水平所限仍会有诸多不足和错漏之处,敬请广大读者提出宝贵意见和建议,以便修订再版时改正。

本册编写说明

葡萄素有"水果皇后"的美誉，其果实不但味道鲜美，而且含有丰富的营养物质，是保健美容佳品。葡萄进入结果期早，经济寿命长，一般在当年定植后的第二年即可结果，第三年便能获得可观的产量。葡萄一直是全世界主要的水果之一，其种植面积和产量均居于前列。农业农村部统计资料显示，我国的葡萄产量连续多年居世界葡萄产量的第一位。

随着人们生活水平的提高及健康意识的增强，安全、健康、优质、多样化果品成为消费者的主导需求。本书针对当前葡萄品种混杂、育苗规范性差、园区标准化程度低、栽培技术传统、管理费工费时等现状，在总结多年来葡萄优质高效健康栽培技术研究成果和生产实践的基础上，着重介绍了葡萄优良品种选择、优质葡萄苗的培育、高标准葡萄园建设、葡萄优质高效栽培技术及葡萄抗灾减灾技术等，为实现葡萄品种多样化、园区建设标准化、栽培技术规范化提供实用的知识，内容丰富、信息量大、可操作性强。

本书旨在巩固脱贫攻坚成果，助力乡村振兴战略。本书可供新型职业农民、县乡村基层干部和"三农"工作者参考。

本书由孙其宝、周军永、陆丽娟、朱淑芳、刘茂等编写。在编写和出版过程中，还得到了全国相关行业专家的大力支持，在此谨表感谢。

目　录

第一章 葡萄生产基础知识

▶ 第一节 葡萄的主要器官与功能

一 根

葡萄具有庞大的根系和很强的吸收功能,从而保证了地上部分的旺盛生长和结实。

1.根的类型

葡萄根系依据起源和繁殖方式不同,可分为实生根系和自生根系。由种子的胚根发育而成,主根发达,根系生命力强,主根上又分生各级侧根、幼根,即实生根系,葡萄实生苗的根系为实生根系;利用植物营养器官具有再生能力,采用枝条扦插或压条繁殖而成,无主根,生活力相对较弱,常为浅根,即自生根系,用插条、压蔓繁殖的葡萄自根树的根系为茎源根系。另外,空气温度高、湿度大时,2~3年生葡萄枝蔓上常会长出不定根,即气生根,该根在生产中无重要作用,但果农可利用葡萄发生气生根的特性,进行插条与压枝育苗。

2.根的结构

根的先端为根尖,根尖的顶端为根冠,根冠起保护后部细胞分裂生长区的作用。生长区后面为吸收区,其上密生根毛,用于吸收水分和养分。

吸收区随根的伸长逐渐木栓化,转为输导组织。从幼根伸长区纵剖面看,有表皮、皮层和中柱三层。表皮细胞向外延伸形成的突起称为根毛。表皮以内的细胞称为皮层,皮层以内是中柱,中柱最外一圈环状细胞叫中柱鞘,侧根即发源于中柱鞘。中柱鞘以内是根的初生木质部和初生韧皮部。中柱的中心是由较大的薄壁细胞组成的髓部。初生根不断老化,原来呈放射状排列的形成层,逐渐变为形成层环。形成层细胞不断分裂,其向内生成次生木质部,向外生成次生韧皮部,使根部逐渐加粗。

3.根的功能

葡萄根的主要功能是把植株固定在土壤中,以便从土壤里吸收养分和水分,并能贮存营养物质,以及合成生理活性物质,如各种激素等,向植株上部输送营养,使其生长与结果。

4.根的分布

葡萄为深根性植物。其根系在土壤中的分布与品种、土壤类型、地下水位、生态条件、架式和栽培管理技术有关。一般情况下,根系垂直分布最集中的范围是在 20~40 cm 的土层内。抗旱、抗寒的品种根系分布深;土质疏松、土层深厚,根系分布深;盐碱地区根系分布较浅;棚架的葡萄比篱架的葡萄根系大,分布深,架下根系分布密度大,范围宽。水平分布受土壤和栽培条件的影响,如土壤条件差,根系主要分布在栽植沟内。

二 枝蔓

葡萄为藤本植物,在自然状态下,为获得光照和争取空间而攀缘其他植物生长。葡萄的茎是蔓生的,具有细长、坚韧、组织疏松、质地轻软、生长迅速的特点,着生有卷须供攀缘。葡萄的枝蔓由主干(有的无主干)、主蔓、侧蔓、结果母枝和新梢组成。主干是指由地面到主蔓分枝的部位。主蔓是主干的分枝,侧蔓是主蔓上的分枝。结果母枝是由上一年成熟的枝经过冬季修剪而成的。主干、主蔓、侧蔓、结果母枝构成葡萄树冠骨架,称为骨干蔓。

着生于侧蔓上的结果母枝与预备枝构成结果枝组,如果结果枝组生长粗壮,比例适当,分布合理,即构成植株丰产稳产的基础。结果母枝和预备枝都是当年成熟的新梢,这些枝蔓上的芽眼在当年所抽生的新梢(图1-1),带有花穗的称结果枝,不带花穗的称发育枝。新梢叶腋中的夏芽或冬芽萌发的梢,分别称为夏芽副梢或冬芽副梢,依其抽生的先后,分一次副梢、二次副梢、三次副梢等。副梢上也可能发生花序、开花结果,这种果可分别称为二次果、三次果等。凡生长势强、枝梢粗壮、节间长、芽眼小、节位表现出组织疏松现象的当年生枝蔓,称为徒长蔓。靠近地表的主干或主蔓上的隐芽萌发成的新梢称为萌蘖枝,在一般情况下对这类新梢应及早除去,但必要时可用来培养新的枝蔓,补充空缺或更新老蔓。

图1-1　葡萄新梢

三　芽

葡萄枝梢上的芽,实际上是新枝的茎、叶、花过渡性器官,着生于叶腋中。其根据分化的时间分为冬芽和夏芽,这两类芽在外部形态和特性上具有不同的特点。

1.冬芽

冬芽(图1-2)是着生在结果母枝各节上的芽,体形比夏芽大,外被鳞片,鳞片上着生茸毛。冬芽具晚熟性,一般都经过越冬后,次年春萌发生长,习惯上称"越冬芽",简称"冬芽"。从冬芽的解剖结构看,良好的冬芽,其内包含3~8个新梢原始芽,位于中心的一个最发达,称为"主芽",其余四周的称"副芽"(预备芽)。在一般情况下,只有主芽萌发。当主芽受伤时或者在修剪的刺激下,副芽也能萌发抽梢,有的在一个冬芽内,2个或3个副芽同时萌发,形成双生枝或三生枝。在生产上为调节贮藏养分,应及时将副芽萌发的枝除掉,保证主芽生长。冬芽在越冬后,不一定每个芽都能在第二年萌发,其中不萌发者则呈休眠状态,尤其是一些枝蔓基上的小芽常不萌发,随着枝蔓逐年增粗,潜伏于表皮组织之间,成为潜伏芽,又称"隐芽"。当枝蔓受伤,或内部营养物质突然增长时,潜伏芽便能萌发,成为新梢。主干或主蔓上的潜伏芽抽生成的新梢,往往带有徒长性,在生产上可以用作更新树冠。葡萄隐芽的寿命很长,因此葡萄恢复再生能力也很强。

图1-2 葡萄冬芽

2.夏芽

夏芽着生在新梢叶腋内冬芽的旁边,无鳞片保护,不能越冬。夏芽具早熟性,不需休眠,在当年夏季自然萌发成新梢,通常称"副梢"。"玫瑰香" "巨峰""白香蕉"等的夏芽副梢结实力较强,二次结果,可借以补充一次果的不足和延长葡萄的供应期。夏芽抽生的副梢同主梢一样,每节都能形成冬芽和夏芽,副梢上的夏芽也同样能萌发成二次副梢,二次副梢上又能抽生三次副梢,这就是葡萄枝梢可一年多次生长多次结果的原因。

四 叶

葡萄的叶(图1-3)为单叶,互生,由叶柄、叶片和托叶三部分组成。叶柄支撑叶片伸向空间;叶片有3~5条主叶脉与叶柄相连,再由主脉、侧脉、支脉和网脉组成全叶脉网,其主脉与主脉间夹角不同,使叶片出现不同的形状和深浅不同的缺刻。叶片的形状变化较大,一般多具有3~5个裂片,裂片之间的缺口称为"裂刻",按裂片着生的位置可分为中裂片、上裂片和下裂片,裂刻的深度有浅、中、深和极深,叶柄和叶片连接处叫"叶柄洼"。裂片的形状、裂刻的深浅与形状、叶柄洼的形状都是鉴别和记载品种的重要标志。

叶面与叶背常着生不同状态的茸毛。呈直立状的称为"刺毛",平铺呈

图1-3 葡萄幼叶

棉毛状的称为"丝毛"。茸毛的形状和着生的密度也是鉴别品种的标志之一。

从叶龄来说,幼嫩叶片叶绿素含量低,光合能力很弱,呼吸能力强。随着叶龄的增长,叶色加深,叶面平展,光合能力加强。叶片进入衰老阶段,光合能力便显著降低。葡萄展叶后 30 d 左右,光合作用进入最佳期。

五 卷须

葡萄的花序和卷须均与叶片对生,在植物学上是同源器官。通常欧亚种群的品种第一花序多生于新梢的第 5 节、第 6 节,一个结果枝上有花序 1~2 个;而欧美杂种和美洲种则普遍着生于新梢的第 3 节、第 4 节。

葡萄卷须形态有分叉和不分叉、分支很多和带花蕾等几种类型。卷须的作用是攀缘他物,固定枝蔓以使植株得到充足阳光,有利生长。卷须缠绕之后迅速木质化;如遇不到支撑物,绿色的卷须会慢慢干枯脱落。在人工栽培中,为了减少养分消耗,避免给管理带来困难,常将卷须摘除。卷须的排列方式与花序基本相同。真葡萄亚属的种和品种的卷须,除美洲种为连续性外,其他种均为非连续性(间歇性),即连续出现两节,中间间断一节;欧美杂种的卷须在节位上常不规则地出现。

六 花

1.花的构造

葡萄的花由花托、花萼、花冠、雄蕊、雌蕊和花梗组成。萼片小而不显著。花冠 5 片,呈冠状,包着整个花器。雄蕊 5~7 个,由花药和花丝组成,排列在雌蕊四周。雌蕊 1 个,由子房、花柱和柱头组成。子房呈圆锥形,具有 2 个心室,每室有 2 个胚珠,少数有 3 个。子房下部有 5 个圆形蜜腺,分泌芳香的醚类物质。

2.花的类型

葡萄的花有三种类型:两性花(完全花)、雌能花和雄花。后两种类型称为"不完全花"。

(1)两性花。具有正常雌蕊、雄蕊,花粉有发芽能力,能自花授粉结实,绝大多数品种均系两性花。

(2)雌能花。有发育正常的雌蕊。虽然也有雄蕊,但花丝比柱头短或向外弯曲,花粉无发芽能力,表现雄性不育,如"黑鸡心""安吉文"等品种和野生种的部分植株,必须配置授粉品种才能结实。

(3)雄花。在花朵中仅有雄蕊而无雌蕊或雌蕊不完全,不能结实。此类花仅见于野生种,如山葡萄、刺葡萄等。

3.花序

葡萄的花序(图1-4)属于复总状花序,呈圆锥形,由花序梗、花序轴、枝梗、花梗和花蕾组成,有的花序上还有副穗。葡萄花序的分枝一般可达3~5级,基部的分枝级数多,顶部的分枝级数少。正常的花序,在末级的分枝端,通常着生3个花蕾。发育完全的花序,一般有花蕾200~500个。花序中部花质量最好,因此对穗大粒大的四倍体葡萄,要特别注意疏修花序,每穗留中部100~150朵花,以提高坐果率。

图1-4　葡萄花序

花序形成的好坏与营养条件极为密切,营养条件好,花序形成也好,营养不良则花序分化不好。

七 果实

1.果穗

果穗(图 1-5)由穗梗、穗梗节、穗轴和果粒组成。果穗的形状可分为圆柱形、圆锥形、多分枝散穗形等。果穗的松紧度则视果穗平放时其形状变化程度而定。一般平放、倒悬均不变形的称为"紧穗",反之则为松穗,介于两者之间的为中穗。一般鲜食葡萄的果穗不宜很紧密,以果穗丰满、果粒充分发育为佳。但是,鲜食葡萄的果穗也不宜太松散,否则易落粒(如"巨峰""藤稔"等品种),穗形也不美观。

图 1-5 葡萄果穗

2.果粒

葡萄的果粒由果梗(果柄)、果蒂、果皮(外果皮)、果肉(中果皮)、果心(内果皮)和种子(或无种子)等部分组成。果梗与果蒂上常有黄褐色的小皮孔,其稀密、大小、色泽是品种分类特征之一;果刷,即中央维管束与果粒处分离后的残留部分;果皮,即外果皮,由子房壁的一层表皮厚壁细胞和10~15层下表皮细胞组成,上有气孔,木栓化后形成皮孔,叫"黑点";大部分品种的外果皮上被有蜡质果粉,有减少水分蒸腾和防止微生物侵入的作用;果肉(即中、内果皮),由子房隔膜形成,与种子相连,是主要的食用部分,葡萄的外、中、内果皮没有明显的分界。葡萄浆果的形状有圆柱形、长椭圆形、椭圆形、圆形、扁圆形、弯形、束腰形、鸡心形、倒卵形、卵形等。果皮色泽有白色、黄白色、绿白色、黄绿色、粉红色、紫红色、紫黑色等。果皮的厚度可分薄、中、厚三种。

3.种子

葡萄种子呈梨形。种子由种皮、胚乳和胚构成,种子有坚硬而厚的种皮,胚乳为白色。胚由胚芽、胚茎、胚叶与胚根组成。

▶ 第二节　葡萄的生长与发育

一 根系生长

葡萄根系的周期生长动态,因气候(温度、光照、降水)、地域、土壤和品种的不同而表现出差异。葡萄根系的生长期比较长,在土温常年保持在13~25 ℃和水分适宜的条件下,可终年生长而无休眠期。在一般情况下,春、夏和秋季,各有一次发根高峰,以春、夏季发根量最多。土壤的水分和养分状况及其有关理化特性,对根系的生长起决定性的影响作用。在土层深厚、疏松、肥沃及地下水位低的条件下,葡萄根系生长迅速,根量大,分布深度在1~2 m;相反,根系分布浅而窄,根量少,分布深度一般在20~40 cm。土壤渍水可导致根系因缺氧而腐烂。

二　萌芽与开花

当气温升到 10 ℃以上,冬芽膨大萌发,并长出嫩梢、幼叶。新梢快速生长,一般主梢的生长量在始花期为全年生长总量的 60% 以上。萌芽和新梢生长初始,完全依靠植株贮藏在根和茎中的营养物质,待叶片达到一定大小和充分发育后,新梢生长才依赖叶片光合作用所制造的养分。新梢生长的同时,花序原始体继续发育,如营养不足则花序原始体发育不良,甚至退化。花期持续 5~14 d,这是决定葡萄果实产量的重要时期。开花的先后常因品种和气候条件的不同而有差异。花期如遇阴雨则影响授粉、受精,过分干旱也不利于花粉的萌发和受精,均可导致严重落花落果,果穗稀松,产量和品质降低。

三　新梢与叶片生长

1.葡萄新梢生长

葡萄新梢的生长为单轴生长与假轴(合轴)生长交替进行。生长最初是顶芽抽生枝条,即顶芽向上生长,称为"单轴生长"。随着节间的加长,形成层不断分裂,促进新梢加粗,当新梢生长到 3~6 节时,顶端的侧芽抽生新梢,生长速度快于顶芽,将顶芽挤向一边,并代替顶芽向前延伸,这种生长称"假轴生长"。葡萄枝梢生长迅速,一年中能多次抽梢,但依品种、气候、土壤和栽培条件的不同而有差异。新梢年生长量一般为 1~2 m,生长势旺的品种为 3~5 m,有的品种甚至在 10 m 以上。

2.葡萄叶片生长

葡萄的叶片源于冬芽或夏芽。春季随着芽的萌发和新梢的生长,叶片相继展开,约经 2 周的生长,趋于缓慢,直到叶片完全展开,约需 1 个月时间。同一植株上的叶片,由于形成的迟早和所处环境条件不同,其生长情况和寿命不一样。生长初期形成的位于新梢基部的叶片,因早春气温低,叶片较小,叶龄为 140~150 d;新梢旺盛生长期形成的中部叶片最大,光合能力最强,叶龄为 160~170 d;生长末期新梢顶端形成的叶片,因气温下降,组织不充实,叶片较小,光合能力最弱,叶龄为 120~140 d。

（四）坐果与结果习性

葡萄从受精坐果到果实成熟,一般经历 2~4 个月。在此期间,果粒不断长大,但生长速度随季节而有变化。一般早熟品种为 35~60 d,中熟品种为 60~80 d,晚熟品种为 80~90 d 或更多。一般在开花后一个星期,果粒约绿豆大时,由于有些花朵的子房发育异常,常出现第一次生理落果。落果后留下的果实,一般需经历快速生长期、缓慢生长期和第二次迅速生长成熟期三个生长阶段,整个果实生长发育呈双"S"形曲线。

第Ⅰ期:果实的纵径、横径、重量和体积的增长显著,是果实生长发育的最快时期。此期内,果实为绿色(极个别品种除外),果肉硬,含酸量迅速增长,含糖量处于最低值。以"巨峰"品种为例,持续期为 35~40 d。

第Ⅱ期:外观生长呈现停滞,但果实质地及果皮硬化,胚迅速发育,完成各部分的分化,是果实缓慢生长期。此期内,果实中有机酸含量不断增加并达到最高值,以苹果酸为主,其次为酒石酸、醛糖酸等;糖分开始积累,主要是葡萄糖,其次是果糖。这个阶段,早熟品种持续时间较短,晚熟品种则较长,一般为 1~5 周,"巨峰"品种需 15~20 d。

第Ⅲ期:果实的第二次生长发育高峰,但生长速度低于第Ⅰ期,为果实成熟期。此期内,果粒逐渐变软,红色品种开始着色,黄绿色品种绿色减退,变浅、变黄。果实中的不溶性原果胶转变为果胶,使果实由硬变软,糖分迅速积累,酒石酸含量不断减少,苹果酸参与代谢、分解,一部分转化为糖和其他有机酸,另一部分在呼吸过程中消耗,持续时间 30~60 d。

▶ 第三节　葡萄的物候期

一　树液流动期

树液流动期指从春季树液流动到萌芽的一段时间。当早春根系分布处的土层温度在 4~9 ℃时（因种类和品种而异），树液开始流动，根的吸收作用逐渐增强。这时葡萄枝蔓新的剪口和伤口处流出许多透明的树液，这种现象称为"伤流"。伤流开始的时间及多少与土壤湿度有关：土壤湿度大，树体伤流多；土壤干燥，树体伤流少或不发生。

二　萌芽和新梢生长

欧亚种葡萄的萌芽多始于昼夜平均气温稳定到 10 ℃以上后，芽上生长点的活动使芽鳞开裂，幼叶向外生长。通常顶芽比侧芽萌发早。葡萄多数在 4 月上中旬开始萌芽，不同品种的萌芽时期有一定的差异。萌芽时间除受当年温度、湿度等环境条件影响外，还受植株上一年的生长结果状况的影响。如上一年落叶较早，结果过多，采收过迟等，都会影响当年树体养分的贮藏水平，从而使萌芽延迟，甚至影响新梢生长。

三　花期

葡萄的花期一般是 7~10 d。授粉温度要求在 15 ℃以上，以 20~25 ℃较为有利，27~32 ℃时花粉萌发率最高，低于 15 ℃时花粉不能萌发。葡萄一般于 5 月上中旬开花。花期遇阴雨天或干旱、大风、低温等都会影响授粉受精。花期新梢生长过旺，会消耗掉大量树体营养，也不利于授粉受精和坐果。

（四）果实生长期

果实生长期指从始花期至果粒开始成熟的一段时间。盛花后 2~3 d 出现第一次落果高峰。当幼果发育到直径 3~4 mm 时,常有一部分果实因营养不足停止发育而脱落,此为第二次落果高峰。果实生长到约 5 mm 后一般不会再脱落。此期内,新梢极性生长不断减弱,枝蔓不断增粗。果粒生长期持续的天数因品种而异。葡萄果粒从子房开始膨大到果实成熟,一般需 60~100 d。

（五）果实成熟期

浆果的成熟从果实着色和变软开始,果实成熟期间品种固有的色泽逐渐形成,浆果软化而富有弹性。果实内含物也在逐渐转化,糖分迅速增加,酸度降低,体现品种风味特征的芳香物质也逐渐形成。果实完全成熟后,种子也由黄色变为褐色。

（六）落叶与休眠期

在果实生长后期,叶片逐渐老化,尤其是基部叶片(果穗上下的 2~4 片叶)制造营养物质的功能逐渐减弱,但上部叶片仍在进行较强的光合作用,直至秋末,叶片黄化脱落。浆果采收后,叶片光合作用形成的产物回流到枝蔓及根系,用于充实枝蔓和为植株第 2 年的生长贮备营养。果实采收后维持叶片正常的光合能力,有利于营养物质的积累,积累的营养物质越多,越有利于提高植株的抗寒越冬能力,也可为翌年葡萄植株生长奠定良好的营养基础。

第四节　葡萄对环境条件的要求

一　温度

1.基点温度

当早春平均气温在 10 ℃以上,30 cm 以下地温在 7~10 ℃时,葡萄开始萌芽,不同品种的萌芽时间有一定差异。最适于新梢生长和花芽分化的温度是 25~32 ℃,气温低于 15 ℃不利于开花授粉。浆果成熟期的最适温度是 28~32 ℃,气温低于 16 ℃或高于 38 ℃时对浆果成熟不利。根系开始活动的温度是 7~10 ℃,在 25~32 ℃时生长最快,35 ℃以上时生长受到抑制。

2.受害温度

葡萄生长期,40 ℃以上的高温会抑制生长。温度在 41~42 ℃时,叶子开始变黄变干,果实的日灼病加重。早春的极端低温,尤其是零下温度会使葡萄幼嫩的梢尖、花序受冻。新梢基部的叶柄和叶片可耐–0.5 ℃左右的低温,已膨大但尚未萌发的芽可耐–4~–2.5 ℃的低温。秋天叶片可耐–1 ℃低温,未完全成熟的浆果可耐–3 ~–2 ℃的低温,成熟的果实可耐–4 ℃的低温。大多数葡萄的休眠芽眼能耐–20~–18 ℃的低温,如果枝条成熟度差,低温持续时间长,则在–15~–10 ℃时即受冻。当–18 ℃持续3~5 d 时,不仅芽眼受冻害,枝条也受害。葡萄的根系在–5~–4 ℃时即受冻害,粗根比细根的抗寒性强些。

3.有效积温

早熟品种葡萄一般需有效积温 2 100~2 700 ℃,中熟品种葡萄需 2 700~3 200 ℃,晚熟品种葡萄需 3 200~3 500 ℃。年平均有效积温为 4 682 ℃,可

以满足早、中、晚熟葡萄品种对热量的需求。

二 光照

1.光照对树体营养的影响

光照条件的好坏对树体营养有较大影响:光照不足则枝条细弱,叶片薄而颜色淡,光合能力差,光合积累少,树体营养不良;充足的光照则可促进植株生长。

2.光照对花芽分化的影响

葡萄花芽分化需要充足的营养,而光照直接影响了树体的营养状况。光照充足,植株花芽质量好,容易形成大花序及多穗的结果新梢。

3.光照对果实品质的影响

在一定范围内,随着光照的增加,果实着色良好,糖分积累增多,有些品种,如"矢富罗莎""玫瑰香"等,必须有良好的光照才能很好着色。有的品种,如"高妻""夏黑"在散射光条件下也可着色。但总的来说,良好的光照条件是生产色香味俱佳的葡萄果实的前提条件。

三 水分

1.需水时期

葡萄各物候期对水分要求不同。在早春萌芽期、新梢生长期和幼果膨大期均要求有充足的水分供应。果实生长前期植株水分充足,有利于新梢及果实的发育;后期的微旱会使果实的含糖量增加,果实的色泽更好。

2.需水量

一般春季较为干旱地区,有"春雨贵如油"之说,因此春季应每隔 10 d 左右灌 1 次水,使土壤持水量保持在 70 % 左右为宜。秋季浆果成熟期,易出现季节性的雨水过多,此期应注意排水,以免因湿度过大而滋生病害

和出现裂果现象。总之,土壤水分供应要保持均衡,避免土壤忽干忽湿和过干过湿。

3.葡萄的耐涝性和抗旱性

多数葡萄品种比较耐涝,积水 10 d 左右不会被完全淹死,只是细小的根系会死亡。长期的积水会使葡萄生长受到抑制,树体吸收营养的功能降低。葡萄的根系较大,因此抗旱性也较好,但品种间有差异。严重缺水对葡萄的生长和结果都不利,表现在抑制新梢生长,果穗发育差,果小汁少,果实含糖量低,叶片衰老快,等等。

四 土壤

1.土壤质地

葡萄对土壤的适应性较强,除沼泽地和重盐碱地不适宜生长外,其余各种土壤都能栽培葡萄,而以肥沃的沙壤土最为适宜。

2.土壤酸碱度

一般在 pH 6~6.5 的酸性环境中, 葡萄生长结果良好。在酸性过强(pH 4.0 以下)的土壤中,会出现生长不良;在碱性较大(pH 8.3~8.7)的土壤中,会出现黄叶病。因此,酸性或碱性过大的土壤均需改良后才能种植葡萄。

▶ 第五节　葡萄的价值

一 营养与药用价值

1.营养功能

葡萄素有"水果皇后"的美誉,其果实不但味道鲜美,而且含有丰富的营养物质,是保健美容佳品。葡萄果实中含葡萄糖、果糖、少量蔗糖、木糖、酒石酸、草酸、柠檬酸、苹果酸,又含各种花色素的单葡萄糖苷和双葡萄糖苷,也含蛋白质、钙、磷、铁以及多种维生素。葡萄果皮中含有白藜芦醇、花青素、单宁、类黄酮、果胶质、可溶性食物纤维等,果籽中含有原花青素、葡萄籽油、粗蛋白、粗纤维、灰分等。

2.药用价值

我国历代医药典籍对葡萄的药用价值均有论述,其根、藤、叶也可入药。中医认为葡萄性平、味甘酸,入肺、脾、肾经,有补气血、益肝肾、生津液、强筋骨、止咳除烦、补益气血、通利小便的功效。近代医学界从葡萄中提取出治疗神经衰弱和疲劳过度等症的药品。葡萄还能起到健胃、壮腰、降压、开胃的作用,尤其在预防和治疗胃病、腹胀、心血管疾病方面有一定的疗效。

二 经济价值

葡萄不仅可鲜食,还可用于制干、制汁和酿酒。葡萄酒是以葡萄为原料的最重要加工品。葡萄酒因其文化内涵而成为一种高品位的消费品。葡萄绿叶成荫,浆果晶莹,适应性强,寿命长,是叶果俱佳、遮阴、观赏、经济效益并重的藤架绿植,是集食用、药用、加工、观赏、绿化、美化于一体的多功能树种,具有较高的观赏价值与较强的绿化功能。葡萄生长速度快,叶大,易于成荫,将之用于廊架、门庭等,不仅具有绿化功能,还具有较好的遮阴效果。近些年,园林树种不断增加,藤架植物以其美观、实用、占地少等优势在绿色植物中异军突起,引起人们的注意与青睐。

三 生态效益与文化价值

1.生态效益

葡萄对水土的适应性很强。盐碱地、沙荒地或山薄地经过适当改良后,都能栽培葡萄。葡萄枝蔓软,便于防寒,在寒地也能发展。此外,葡萄进入结果期早,寿命长,产量高。一般在定植后的第 2 年即可开始结果,第 3 年即可获得可观的产量。各地如能因地制宜地发展葡萄产业,将对乡村振兴起到积极的作用。

2.文化价值

葡萄和葡萄酒作为文学家诗赋等创作的题材古已有之。除史传外,葡萄和葡萄酒还出现在图经、方志及文书档案中。葡萄、葡萄酒文书档案的种类繁多,吐鲁番文书、敦煌文书、吐鲁番回鹘文文书、吐蕃简牍等,均有关于葡萄、葡萄酒的记载。

第二章 葡萄优良品种选择

▶ 第一节　葡萄属植物分类和种的描述

一　葡萄亚属分类

葡萄($Vitis$ L)属于葡萄科(Vitaceae)，葡萄属又分为真葡萄亚属(Subgen. $Euvitis$ Planch.)和麝香葡萄亚属（或圆叶葡萄亚属）(Subgen. $Muscadinia$ Planch.)，染色体数均为 $2n=40$，全部分布在美国的东南部地区。真葡萄亚属中的70多个种，染色体数 $2n=38$，亚属内种间杂交容易，主要分布在北半球的温带地区，并且集中起源于西亚、北美和东亚三个地区，即"欧洲–西亚分布中心"、"北美分布中心"和"东亚分布中心"，按照地理起源形成了3个种群。其中，"欧洲–西亚"中心的欧亚种群仅起源于1个种——欧亚种[或欧洲葡萄($V.$ $vinifear$ L.)]，以及它的3个野生亚种——ssp. $sativa$ D. C.，ssp. $silvestris$ Gm.(森林葡萄)和ssp. $caucasica$ Vav.。欧亚种是葡萄属植物中唯一的栽培种，黑海和里海之间及其南部的中亚和小亚细亚地区是欧洲葡萄的起源地，葡萄栽培种由这里传播到欧洲，又由欧洲人传播到世界各地。经过长期的引种、驯化、育种和营养系选种，形成了各具特色的栽培品种，目前世界上有 90%以上的葡萄产品来自该种，80%以上的葡萄品种由该种演化而来，在世界上地中海气候条件下广泛栽培。"北美分

布中心"包括美国、加拿大以及墨西哥,分布的种类有30余种,形成了北美种群,是重要的葡萄抗病种质资源,在葡萄根瘤蚜和霜霉病抗性育种中发挥了重要作用。"东亚分布中心"包括中国、日本、韩国、俄罗斯远东地区和东南亚的北部地区,分布的种类最多,有40余种,形成了东亚种群,抗性类型极其丰富。东亚种群的所有种在中国均有分布,北美种群的各种主要分布在美国,中国和美国是世界上两个葡萄遗传资源最丰富的起源中心。

二 中国葡萄属分类

我国是葡萄属植物的重要原产地之一,也是世界葡萄属植物种质资源最丰富的国家。《中国葡萄志》(孔庆山,2004)中描述了原产我国的 38 个葡萄野生种本种和 1 个栽培种——欧亚种(欧洲葡萄),包括刺葡萄 *V. davidii*、秋葡萄 *V. romaneti*、陕西葡萄 *V. shenxiensis*、小果葡萄 *V. balanseana*、云南葡萄 *V. yunnanensis*、东南葡萄 *V. chunganensis*、罗城葡萄 *V. luochengensis*、闽赣葡萄 *V. chungii*、桦叶葡萄 *V. betulifolia*、变叶葡萄 *V. piasezkii*、毛脉葡萄 *V. piloso-nerva*、网脉葡萄 *V. wilsonae*、华东葡萄 *V. pseudoreticulata*、浙江蘡薁 *V. zhejiang-adstricta*、湖北葡萄 *V. silvestrii*、武汉葡萄 *V. wuhanensis*、温州葡萄 *V. wenchouensis*、井冈葡萄 *V. jinggangensis*、红叶葡萄 *V. erythrophylla*、乳源葡萄 *V. ruyuanensis*、蒙自葡萄 *V. mengziensis*、凤庆葡萄 *V. fengqinensis*、河口葡萄 *V. hekouensis*、菱叶葡萄 *V. hancockii*、狭叶葡萄 *V. tsoii*、葛藟葡萄 *V. flexuosa*、山葡萄 *V. amurensis*、欧亚葡萄 *V. vinifera*、毛葡萄 *V. heyneana*、腺枝葡萄 *V. adenoclada*、绵毛葡萄 *V. retordii*、勐海葡萄 *V. menghaiensis*、龙泉葡萄 *V. longquanensis*、美丽葡萄 *V. bellula*、麦黄葡萄 *V. bashanica*、庐山葡萄 *V. hui*、小叶葡萄 *V. sinocinerea*、蘡薁 *V. bryoniaefolia* 和鸡足葡萄 *V. lanceolatifoliosa*。

▶ 第二节　葡萄新品种引进注意事项

为帮助广大农民朋友选择适宜的葡萄品种，少走弯路，提醒大家在引种葡萄时，要"十看"：

一看种植区域和经济条件。每个品种都有它的区域适应性，要做到品种的区域化适地栽培。在长江流域，露地栽培最好选择抗病性强的欧美杂种；经济条件好的可选择抗病性较弱、大粒、优质高档的欧亚种，但必须采用设施栽培（避雨设施或大棚栽培）。

二看掌握技术的熟练程度。已有较好的栽培技术者，可选择市场售价高、栽培难度较大的高档品种；尚未掌握栽培技术者，应选择易管理的欧美杂种，同时可少量引种高档的欧亚种。

三看市场定位。如果是销往大城市、超市，宜选择品质好、耐贮运的高档欧亚种，且还需要有一定的种植规模；如果就近或在农村市场销售，宜选择丰产性强、易管理、大粒的欧美杂种。此外，还可根据市场的消费习惯，选择草莓香型或玫瑰香型、冰糖型或酸甜适口的品种。

四看品种来源。要弄清楚所选择的品种是哪个种群，原产何地，是杂交而来的还是芽变而来的。当前，我国苗木市场尚欠规范，同物异名现象十分突出，有些苗木商以假乱真，以次充好，哄骗顾客，牟取暴利，引种者要注意甄别。

五看植物学特征。每个品种都有它的植物学特征，根据品种的植物学特征可识别、判断一个品种。一般各大种群外观差异很大，而同一种群外观差异很小。国内某些苗木商把相似、相近的同一种群品种当新品种销售，对此要提高警惕。

六看生物学特性。选择品种时,须了解其生长势、抗病性、丰产性与萌芽期、花期、成熟期等生物学特性。一些虚假广告把丰产性差说成丰产性强,把不抗病说成抗病,把晚熟品种说成早熟品种,等等,引种者要避免上当。

七看果实性状。选择品种时,须了解平均穗重、粒重、坐果率、肉质软或脆,是否容易着色,是否容易出现裂果、脱粒,是否耐贮运等果实性状。有些广告或苗木商将粒重夸大,宣传时只讲品种的优点,不讲缺点。许多品种仅一个缺点,哪怕其他性状都好,也会限制其发展。

八看供苗单位。要到正规的苗木生产单位购苗,了解供苗单位是否经有关部门登记发证,工商营业执照、苗木经营许可证、苗木检疫证等是否齐全,是否有苗圃,规模有多大,苗木纯度是否可以保证,等等。

九看苗木是否属嫁接苗。嫁接苗一般采用高抗砧木,而南方和北方栽培葡萄时在抗性要求上有很大区别。北方要求抗寒、抗旱,南方要求耐湿、抗病。如红地球自根苗易患根癌病,造成大量死苗,如选择抗性砧木,则可避免这一病害的发生。

十看是否有成功的结果园。选择品种时,最好选择已经栽培成功了的品种。每个品种都有其独特的性状,采用良种良法才能获得较好的经济效益,不可片面追求品种的"新、奇、特"。要真正掌握一个品种的特性,需要5年左右的时间。到目前为止,还没有一个十全十美的品种。每个品种都有其优缺点,只有了解品种的特性后,再扬长避短,才能取得良好的经济效益。

▶ 第三节　优良品种简介

一　早熟品种

1.徽蓝(图2-1)

欧亚种。安徽省农业科学院园艺研究所选育。2014年通过安徽省林木品种审定委员会审定。该品种果穗圆锥形,平均单穗重268 g,穗形紧凑,果实成熟度一致。果实长椭圆形,平均单果重4.4 g,最大单果重5.27 g,经大粒化处理可在8 g以上。果皮蓝黑色,果粒大小整齐,无核,果皮较薄,果肉硬度中等,可溶性固形物平均含量19%以上。味甜,品质极上。在合肥地区,3月29日萌芽,5月7日始花,5月9日盛花,6月5日果实开始着色,7月6日果实成熟。10月初开始落叶。果实发育期约为60 d。该品种适应性广,抗逆性强,采用避雨设施栽培,可在各葡萄栽培生产地区推广。

2.徽玉(图2-2)

欧亚种。安徽省农业科学院园艺研究所选育。2014年通过安徽省林木品种审定委员会审定。该品种果穗分枝形,双歧肩,无副穗,穗形中等紧凑,成熟度一致,平均单穗重279 g。果实鸡心形,平均单果重3.2 g,最大单果重4.1 g。果粉薄,果皮黄绿色,果粒整齐。无核。果皮中等厚,无涩味,果肉硬度中等,可溶性固形物含量19.85%,可滴定酸含量0.27%。味甜,品质极上。在合肥地区,4月1日萌芽,5月10日

图2-1　葡萄品种"徽蓝"

始花,5月12日盛花,6月21日果实开始着色,7月20日果实成熟,10月初开始落叶。果实发育期约为75 d。该品种适应性广,抗逆性强,采用避雨设施,可在各葡萄栽培生产地区推广。

3.京亚

欧美杂交种7月中旬成熟。果穗圆锥形,果粒短圆锥形,粒重8~10 g,果皮紫黑色,果肉较软,汁多,可溶性固形物含量14%~15%。着色早,不宜早采,充分成熟后味甜;果实耐贮运,抗病性中等。

图2-2 葡萄品种"徽玉"

4.矢富罗莎(图2-3)

欧亚种。果实在7月中下旬成熟。穗重450~550 g。果粒着生中等紧密,粒重8~9 g,最大可达13 g,椭圆形,果肉厚而脆,可溶性固形物含量14%~15%。南方适宜采用避雨设施栽培。

5.无核早红

欧美杂交种。7月中旬成熟。果穗圆锥形,穗重400~500 g。果粒着生紧密,平均粒重8~10 g,果皮淡红到紫红色。果肉较硬,无核,充分成熟后稍有草莓香味,可溶性固形物含量13%~14%。

图2-3 葡萄品种"矢富罗莎"

6.夏黑(图2-4)

欧美杂交种。果穗圆柱形,果粒无核,卵圆形,经激素处理后,单粒重10~12 g,皮厚,深紫黑色,肉质中等,味甜酸,具草莓和麝香味,可

图2-4 葡萄品种"夏黑"

溶性固形物含量17.6%,品质上,易着色,自然坐果,7月中旬前采收。

7.紫珍香

欧美杂交种。果实于7月下旬成熟。一般单穗重350 g,大的可达1 kg。果粒呈紫黑色,单粒重8~9 g,大的可达15 g,皮厚肉软,味酸甜,充分成熟后味甜,有玫瑰香味。

8.维多利亚

欧亚种。果穗大,圆锥形或圆柱形,平均穗重450 g,最大可达1 kg。果粒大,长椭圆形,平均粒重9 g,最大可达12 g,果皮黄绿色,中等厚,果粉薄,果肉硬脆,味甘甜,无香味。可溶性固形物含量13%~15%,品质优良。成熟期7月下旬至8月上旬。南方适宜采用避雨设施栽培。

9.粉红亚都蜜

欧亚种,7月初成熟。长势偏弱,枝蔓易早衰,果穗圆锥形,着生较紧密,穗重400~600 g。果粒长椭圆形,粒重7 g左右,果皮紫红色,可溶性固形物含量13%~14%,有香味,果肉硬脆,不裂果,较耐贮运。南方适宜采用避雨设施栽培。

10.紫玉

从高墨(巨峰着色系变异)中选出的早熟优质枝变品种,果穗大、粒大、整齐。果穗圆锥形,果粒椭圆形,平均单果重12 g,不脱粒,果皮紫红色,果皮较厚,易剥离。果实多汁肉厚,可溶性固形物含量16.4%,风味甘甜。

11.京秀

由中国科学院植物研究所植物园育成。果穗较大,圆锥形,穗重500 g。果粒着生紧密,椭圆形,果粒平均重7 g,最大12 g,穗粒整齐,玫瑰红或鲜紫红色,皮中等厚,肉厚硬脆,可溶性固形物含量15%。7月底充分成熟。南方适宜采用避雨设施栽培。

12.夏至红

欧亚种。由中国农业科学院郑州果树研究所育成。果穗圆锥形,无副穗,果穗大,平均单穗重750 g,最大可达1 300 g,果穗上果粒着生紧密。果粒圆形,果粒大,平均单粒重8.5 g,最大可达15 g,肉脆,汁液中等,果实充分成熟时为紫红色到紫黑色,抗拉力强。具玫瑰香味。可溶性固形物含量为16.0%~17.4%。果实发育期为50 d,是极早熟品种。设施栽培中,连续丰产性能优良。南方可采用避雨设施栽培。

13.沈农金皇后(图2-5)

沈阳农业大学选育,欧亚种。果穗圆锥形,穗形整齐,果穗大,平均重856 g,最大1 367 g。果粒着生紧密,大小均匀,椭圆形,果皮金黄色,平均重7.6 g,最大11.6 g。果皮薄,肉脆。可溶性固形物含量为16.6%,味甜,有玫瑰香味,品质上等。早果性好,定植第2年开始结果,极丰产。从萌芽到果实充分成熟需120 d左右,属早熟品种。果穗、果粒成熟一致。抗病性较强。南方可采用避雨设施栽培。

图2-5 葡萄品种"沈农金皇后"

14.瑞都脆霞(图2-6)

北京市农林科学院林业果树研究所选育,欧亚种。果穗圆锥形,无副穗,平均单穗重408.0 g。果粒着生中等紧密或紧密。果粒椭圆形或近圆形,平均单粒重 6.7 g,最大单粒重 9.0 g,大小较整齐一致。果皮紫红色,着色早,退酸快,果粉薄。果皮薄,较脆。可溶性固形物含量16%。果实发育期为 110~120 d,属早熟品种。南方适宜采用避雨设施栽培。

图2-6　葡萄品种"瑞都脆霞"

15.爱神玫瑰(图2-7)

欧亚种,由北京市农林科学院林业果树研究所育成。果穗圆锥形带副穗,小或中等大,最大穗重390 g,果穗大小整齐。果粒着生中等紧密。果粒椭圆形,红紫色或紫黑色。无核,平均粒重2.3 g,最大粒重3.5 g。果粉中等厚。果皮中等厚、韧,略有涩味。果肉中等脆,汁中等多,味酸甜,有玫瑰香味。可溶性固形物含量17%~19%。从萌芽至浆果成熟约需103 d。极早熟。高温多雨地区适宜采用避雨设施栽培。

图2-7　葡萄品种"爱神玫瑰"

16.沪培2号

果穗圆锥形,平均穗重350 g。果粒着生中等较密,果粒椭圆形或鸡心形,平均单果重5.3 g,最大可达5.5 g,果粒较大。果皮中厚,果粉多,可溶性固形物15%~17%,风味浓郁,无核。果穗和果粒大小整齐。树势强旺,成花容易,早果性好。连年结果稳定。从萌芽到果实成熟大约125 d。

17.香妃

欧亚种。果穗较大,短圆锥形带副穗,平均穗重438.3 g,最大穗重531 g。果粒近圆形,平均粒重6.68 g,最大9.36 g。果皮绿黄色,完全成熟时金黄色,果肉质地脆,有极浓郁的玫瑰香味,可溶性固形物含量17.75%。在合肥地区7月中旬果实成熟。高温多雨地区适宜采用避雨设施栽培。

18.瑞都早红

欧亚种。果穗圆锥形,平均单穗重592.42 g。果粒为椭圆形或卵圆形,平均单粒重7.25 g,最大单粒重10.43 g。果实完全成熟时果皮为紫红色或红紫色。肉质较脆,硬度中等,可溶性固形物含量16.47%。合肥地区7月中旬果实成熟。高温多雨地区适宜采用避雨设施栽培。

19.春光(图2-8)

欧美杂交种。果穗大,果粒大,平均粒重9.5 g。果实紫黑色,果粉较厚,果皮较厚,具草莓香味。果肉较脆,风味甜,品质佳,可溶性固形物含量在17.5%以上。河北省昌黎地区8月上中旬果实成熟。

图2-8 葡萄品种"春光"

二 中熟品种

1.巨玫瑰

果穗圆锥形,平均穗重500 g,最大1 200 g。果粒椭圆形或卵圆形,着生紧密,坐果率高,无大小粒现象。粒重8~10 g,最大15 g,果皮薄,紫红至紫黑色,肉厚而硬脆,不裂果,可溶性固形物含量16%,具有浓郁玫瑰香味。

2.醉金香

欧美杂交种,抗病性较强,早果性、丰产性、稳产性好,适合高温多雨的地方栽培。果穗圆锥形,平均穗重800 g。激素处理,平均粒重12.97 g,最大粒重19.1 g。成熟后为金黄色,果实具有浓郁的茉莉香味,可溶性固形物含量18.35%。8月上旬成熟。

3.金手指

欧美杂交种。原产地日本。依据果实的色泽与形状命名为"金手指",1993年经日本农林省注册登记,1997年引入我国。果穗中等大,长圆锥形,着粒松紧适度,平均穗重445 g,最大980 g。果粒长椭圆形,略弯曲,呈菱角状,黄白色,平均粒重7.5 g,最大可达10 g。皮薄,可剥离。含可溶性固形物21%,有浓郁的冰糖味和牛奶味,品质极上。合肥地区8月上中旬果实成熟。

4.巨峰

欧美杂交种。原产日本,果实紫黑色,椭圆形。平均粒重10~13 g,果粒着生紧密,圆锥形,果皮厚,果肉多汁,味甜,有草莓香味,可溶性固形物含量15%~17%,品质中等。合肥地区8月初果实成熟。

5.藤稔

欧美杂交种。果穗呈圆锥形,穗重400~600 g。果粒近圆形,着生紧密,果皮紫红色,完全成熟后呈紫黑色,果面有果粉,具光泽,果肉肥厚,肉质

较紧,果汁多,可溶性固形物含量14%~15%。经大粒化处理,结合疏果等良好栽培措施,粒重可在15~20 g。合肥地区8月初果实成熟。

6.黑峰

欧美杂交种。着色好,耐高温多湿。落花落果轻,成熟期同巨峰,果穗重400~500 g。果粒短椭圆形,粒重9~12 g,可溶性固形物含量17%~19%,果肉脆硬,有草莓香味。

7.里扎马特

欧亚种。果穗松散,穗重500~1 000 g。果粒长椭圆形,粒重10~12 g。果粒前端红紫色,基部淡红色。果肉偏软,汁多,可溶性固形物含量15%~16%,味好。管理粗放,小粒果较多,易裂果、落果,不耐贮运,不抗白腐病。合肥地区8月中旬果实成熟。

8.峰后

果粒短椭圆或倒卵形,平均粒重13 g,最大20 g。果皮紫红色、较厚,果肉脆硬,略有草莓香味,可溶性固形物含量17%,口感甜,品质佳。从萌芽至果实完全成熟约需155 d。

9.无核白鸡心

欧亚种。果穗圆锥形,果粒鸡心形,无核,穗重300~500 g,粒重4~5 g,经大粒化处理后穗重700~1 200 g,粒重7~8 g。果穗紧密,成熟时果皮为淡黄色,果肉硬脆,可溶性固形物含量14%~16%,略有香味,不裂果,较耐贮运。合肥地区8月初果实成熟。

10.沈农香丰

欧美杂交种。果穗圆柱形,穗形整齐,果穗较大,平均重 480 g,最大575 g。果粒着生紧密,大小均匀,倒卵形,果皮紫黑色,平均重 9.7 g,最大13.4 g。果皮较厚,果肉较韧。可溶性固形物含量 18.8%,味甜,多汁,香味浓郁,品质上等。丰产性强。抗病性强。从萌芽到果实充分成熟约需125 d。

南方适宜采用避雨设施栽培。

11.高妻

欧美杂交种。果穗大,饱满紧凑,圆锥形。果粒短椭圆形,紫黑色至纯黑色,平均粒重10 g,果粒大小均匀。果粉厚,有光泽。果皮厚,韧性强,抗裂果,果皮与果肉易剥离。果肉硬度大,可溶性固形物含量18%~21%。合肥地区8月初果实成熟。

12.皖峰(图2-9)

巨峰芽变选育。果穗圆锥形带有副穗,平均穗重660.5 g,最大穗重1 250 g。果粒着生中等紧密。果粒椭圆形,少数倒卵形,平均粒重11.4 g,最大粒重18 g。果皮蓝黑色,易剥离。有草莓香味。可溶性固形物含量18.3%以上。合肥地区8月上旬果实成熟,自然坐果率高,易丰产稳产。

13.瑞都红玫(图2-10)

欧亚种。果穗圆锥形,单歧肩或双歧肩,少量有副穗。果粒圆形或椭圆形,着生较紧密,不易脱粒。完全成熟时果皮紫色或红紫色。平均单粒重9.25 g,最大单粒重10.01 g。在合肥地区8月初果实成熟。该品种早果性、丰产性好。

图2-9　葡萄品种"皖峰"

图2-10　葡萄品种"瑞都红玫"

14.申玉(图2-11)

四倍体的欧美杂交种。果穗圆锥形或圆柱形,平均穗重486 g,最大穗重628 g。果粒着生中等紧密,果粒椭圆形,平均单粒重11.2 g,最大可达17.6 g。果皮中厚,果实充分成熟时果皮为黄绿色。可溶性固形物含量17.6%,可滴定酸含量0.33%,香味浓郁。两性花。在合肥地区7月底至8月初果实成熟。该品种生长势中等偏旺,应注意控制氮肥的施入量。

图2-11　葡萄品种"申玉"

15.申丰

巨峰系欧美杂交种。平均单穗重540 g,果穗大小整齐。果粒椭圆形,完全成熟时果皮为紫黑色;平均单粒重9.4 g,最大单粒重12.1 g。可溶性固形物含量为15.8%~16.7%,可滴定酸含量为0.3%。在合肥地区7月下旬果实成熟。早果丰产性强。坐果率比"巨峰"葡萄高。该品种生长势中等偏弱,要适当强壮树势。避雨设施栽培,注意预防灰霉病和白粉病,以短梢修剪为主。

16.瑞都香玉

欧亚种。果穗长圆锥形,有副穗或歧肩,果粒着生较疏松。平均单穗重543.7 g,最大穗重631 g。果粒椭圆形或卵圆形,平均单粒重7.0 g,最大粒重10.61 g。果皮黄绿色,果肉质地较脆,有玫瑰香味。可溶性固形物含量18.52%。在合肥地区7月下旬果实成熟。花序多着生于结果枝的第5~6节。早果性强,易丰产。高温多雨地区适宜采用避雨设施栽培。

17.玫瑰香

欧亚种。果穗呈圆锥形,穗形大,平均穗重350 g。果粒椭圆形或卵圆形,平均单粒重5 g;果皮黑紫色,果肉较软,多汁,有浓郁的玫瑰香味。优良生食兼加工品种。可溶性固形物含量18%~20%。在合肥地区果实8月初成熟。

高温多雨地区适宜采用避雨设施栽培。

三 晚熟品种

1.阳光玫瑰(图2-12)

欧美杂交种。果穗中等偏大,圆锥形,平均穗重550 g。果粒着生紧密,大小较整齐。果粒椭圆形,平均粒重7.5 g,最大粒重11.7 g。果实成熟后果皮呈黄绿色至黄色;果粉薄;果皮中等厚,不易剥离,可食用;有玫瑰香味,可溶性固形物含量18%~20.8%。从萌芽至果实充分成熟约140 d,合肥地区9月中旬成熟。

图2-12 葡萄品种"阳光玫瑰"

2.美人指(图2-13)

欧亚种。果穗大,穗重450~800 g,最大穗重1 500 g,圆锥形。果粒长椭圆形,开始着色时果粒尖端为紫红色,基部为绿色带红,充分成熟时整个果粒为紫红色。果皮薄,果粉重,果肉脆甜,无香味,可溶性固形物含量15%~18%,品质上等。南方适宜采用避雨设施栽培。合肥地区9月中旬成熟。

图2-13 葡萄品种"美人指"

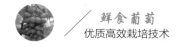
3.秋黑(黑提、瑞必尔)

欧亚种。果穗圆锥形,紧密度适中,穗重500~600 g。果粒阔卵圆形,果皮蓝紫色,粒重7~8 g,可溶性固形物含量15%~16%,果肉硬脆,耐贮运,抗白腐病中等。南方适宜采用避雨设施栽培。合肥地区9月中旬成熟。

4.皇家秋天

欧亚种。果穗大,圆锥形,平均单穗重650 g。果粒大,卵圆或椭圆形,紫黑色,外皮蜡质,单粒重8~10 g,果肉脆甜,肉质黄绿色,半透明,可溶性固形物含量18%。南方适宜采用避雨设施栽培。合肥地区9月中下旬成熟。

5.红地球(图2-14)

又名"晚红""红提"属欧亚种。成熟果实鲜红色,果粒大,一般13~15 g,最大20 g。果穗紧凑,平均穗重850 g,最大可达1 500 g,不裂果、不脱粒。果肉硬而脆,味甜爽口,可溶性固形物含量20%左右,品质好,极耐贮运。南方适宜采用避雨设施栽培。合肥地区9月中下旬成熟。

图2-14 葡萄品种"红地球"

6.克瑞森无核(图2-15)

欧亚种。果穗中等大,圆锥形,平均穗重500 g。果粒亮红色,具白色较厚的果粉。果粒椭圆形,平均粒重4 g。果肉黄绿色、细脆、半透明。果刷长,不易落粒。果皮中厚,不易与果肉分离,果味甜,可溶性固形物含量19%,品质上等,无核。9月中下旬成熟,果实耐贮运。南方适宜采用避雨设施栽培。

图2-15　葡萄品种"克瑞森无核"

7.红宝石无核

欧亚种。晚熟无核品种。果穗大,一般重850 g,最大穗重1 500 g,圆锥形,穗形紧凑。果粒较大,卵圆形,平均粒重4.2 g,果粒大小整齐一致。果皮亮红紫色,果皮薄,果肉脆,可溶性固形物含量17%,无核,味甜爽口。9月中旬果实成熟。

8.摩尔多瓦(图2-16)

产地罗马尼亚。果穗圆锥形,平均穗重650 g。果粒短椭圆形,平均果粒重8.0~9.0 g。果皮蓝黑色,着色易,且均匀一致,可溶性固形物含量达16.0%,品质上。耐贮运。9月上旬成熟。

9.红罗莎里奥

别名"红玫瑰"。欧亚种,原产地日本。果穗圆锥形,平均穗重515 g,最大

图2-16　葡萄品种"摩尔多瓦"

穗重860 g。果穗大小整齐,果粒着生紧密。果粒椭圆形,淡红色或鲜红色,平均粒重7.5 g,最大粒重11 g。果粉厚。果皮薄而韧,半透明。果肉脆,汁多,绿黄色。味甜,稍有玫瑰香味。可溶性固形物含量为20%~21%。从萌芽至浆果成熟需138~154 d。晚熟。抗病力强。便于贮藏、运输。南方适宜采用避雨设施栽培。

10.白罗莎里奥(图2-17)

欧亚种。极晚熟。果穗圆锥形,穗轴柔软,穗形松紧适度,平均穗重650 g,最大穗重1 600 g,单粒重8~12 g。果粒椭圆形,果皮青绿色,完全成熟时呈黄绿色。果皮薄,果粉厚,汁多,味浓甜,含可溶性固形物19%~22%,有果香味。果实耐贮运。南方适宜采用避雨设施栽培。合肥地区9月中下旬成熟。

图2-17　葡萄品种"白罗莎里奥"

11.圣诞玫瑰

别名"秋红"。欧亚种。原产地美国。果穗长圆锥形,平均穗重882 g,最大穗重3 200 g。果穗大小较整齐,果粒着生较紧密。果粒长椭圆形,深紫红色,平均粒重7.3 g,最大粒重10 g。果粉薄。果肉细腻,硬脆,可切片。汁中等多,风味浓,味酸甜,稍有玫瑰香味。总糖含量为15%~16%,可滴定酸含量为0.5%~0.6%。从萌芽至浆果成熟需150~155 d。

12.瑞都无核怡

欧亚种。无种子。晚熟品种。果穗圆锥形,有副穗,单歧肩较多,平均单穗重459.0 g,果粒着生密度中等。果粒椭圆形或近圆形,平均单粒重6.2 g,最大可达11.4 g。果粒大小较整齐一致,果皮紫红色至红紫色,色泽一致。果皮薄。果肉质地较脆,酸甜多汁。可溶性固形物含量16.2%。合肥

地区9月中旬成熟。

13.红高

欧亚种。果穗中等大,圆锥形,多无副穗,平均穗重385 g,最大穗重580 g,果粒着生中等紧密。粒重7~8 g,最大可达10 g。果粒椭圆形,鲜紫红色,果皮中等厚,果粉较厚,香味较浓。可溶性固形物含量16%~17%。合肥地区果实8月下旬至9月上旬成熟。适宜采用避雨设施栽培。

第三章　葡萄优质苗的培育

▶ 第一节　苗圃地选择与处理

一 苗圃地选择

应选择无检疫性和危害性病虫害,交通便利,背风向阳,地势平坦,排水良好,地下水位在 1 m 以上,有灌溉条件,土层深厚,富含有机质的地块;苗圃地必须轮作。

1.地势较高且平坦、排水良好

苗圃地要求平地,或坡度小于 5°可局部取平的坡地。地势要高,地下水位应在 1 m 以上。南方多雨地区,苗圃地周围设置排水沟,苗圃地内每间隔一定距离挖一小排水沟,将苗圃地内的雨水及时排出,以免水涝引起苗木烂根和落叶。

2.土质疏松,以沙壤土或壤土为好

土壤透气性好,理化性质好,有利于葡萄幼苗发根、根系生长及土壤微生物的活动。如果土质较黏,每亩(1 亩约等于 666.7 m²)撒上 5~10 m³筛过的细炉渣,通过深翻深耙,使炉渣、粪肥和土壤均匀混合。土质盐碱含量过高(土壤盐分超过 0.1%,pH 在 8 以上)或太黏重的地块,不适宜作为育苗圃地。

3.要有良好的灌溉条件

育苗过程中,需要经常灌水。特别是幼苗在生长期,根系浅,耐旱能力弱,对水分要求更为突出,如果不能及时灌水,会造成幼苗生长停滞甚至枯死。

4.背风向阳,日照条件好

日照充足利于幼苗的生长发育,有防风林的地段更为理想。

5.土壤肥沃

土壤肥沃则苗木生长迅速健壮。圃地每亩要均匀撒上优质粪肥、厩肥2 500~5 000 kg,随撒随犁埋入土中。

二 苗圃的建立

1.苗圃的建设规划

(1)划分小区。为了便于农业机械化作业,平地小区应为长方形,长边一般不小于 100 m。长边宜为南北方向,有利于苗木通风透光;坡地小区的长边应按等高线划分,以利于水土保持,方便作业。小区的面积,平地宜大,坡地宜小。小区的划分必须与道路和排灌系统相结合,同时做好区划。

(2)道路系统。大型苗圃,一般主道贯穿圃地中心,并与主要建筑物相连,外通公路,应能往返行驶载重车辆,道宽 5~6 m,为大区或小区的边界。支道能单向行驶载重车辆,道宽 3~4 m,作为小区的边界。

(3)排灌系统。苗圃排灌系统的设计应与道路相结合、相统一,在主道、支道的一侧设置排水系统,在另一侧设置灌水系统。排水可以采用地面明沟,也可以利用地下暗管。明沟排水视野清楚,沟内淤积清除方便,但占地多,且不便于田间机械化作业;暗管排水埋于地下,不占地,无障碍,可提高土地利用率,但工程造价高,且维修不方便。明沟的宽度和深度,应根据该地区历史上最大降水量而定,以保证雨后 24 h 内排除圃地

地面积水。排水系统沟或管的规格,由小到大逐级加大,以承受排水量的逐级递增;沟或管的位置,由高到低逐级降低,一般坡度比降为0.3%~0.5%,以加大水流速度,达到快速排水目的。灌溉系统应以苗圃内水源为中心,结合小区划分来设计。沿主道、支道和步道设置灌溉用的干渠(管)、支渠(管)和纵水沟(管)等形成灌溉网络,直达苗畦或苗垄。葡萄苗木因根系较浅,也可采用喷灌,尤其是移动式喷灌。

(4)苗圃建筑。主要包括办公室、工作室、工具房、贮藏库等服务设施建筑,此外还应包括温室、大棚、配药池等生产设施建筑。服务设施建筑应尽量避免占用耕地,位置最好在入圃主道旁或圃内中心;生产设施建筑应便于操作,可位于作业小区之内。

(5)防风林。大型苗圃需设置防风林。营建防风林可降低风速,改善小气候条件,有利于苗木成活和生长,提高苗木成苗率与质量。苗圃四周应营造防风林,在垂直于主风方向建立主林带,平行于主风方向每间隔350~400 m再建立主林带。主林带之间每间隔500~600 m建立垂直于主林带的副林带,组成林网。

2.苗圃功能区划分

大型的独立经营葡萄苗木的苗圃,还应根据功能将苗圃划分为母本区、繁殖区和轮作区。

(1)母本区。专供苗圃繁殖材料,提供接穗、插穗、砧木种条的母本树生产区。母本区的面积大小,因繁殖区育苗任务所需繁殖材料用量而异。母本区应选用无病毒、无检疫性病虫害和抗逆性强的植株作为母本树。

(2)繁殖区。是苗圃的主体,应占苗圃生产面积的60%~70%,要根据育苗任务量划分砧木繁殖区、扦插繁殖区、嫁接繁殖区等。

(3)轮作区。繁殖区连续数年培育同一种类苗木以后,因为重茬会引起土壤某种营养元素的缺乏,加上受上茬苗木根系分泌物积聚的影响,会导致苗木根系生长不良,枝芽不易成熟,病虫害加剧,造成苗木质量下降,等级降低,成苗率降低。所以,连续种植同一种类苗木 3~4 年的繁殖区应划为轮作区,改种其他养地作物 1~2 年,使土壤营养元素得以恢复,再种植葡萄苗木。

三 苗圃地处理

1.土壤消毒

育苗前,每亩用 50 %多菌灵可湿性粉剂 1.0 kg,均匀撒在苗床上。

2.施肥整地

圃地深翻,施基肥。基肥以经无害化处理的有机肥为主。每亩施有机肥 4 000 kg、过磷酸钙 50 kg。年降水量在 1 000 mm 以上的地区宜采用高畦或高垄整地。

▶ 第二节　扦插苗培育

一 硬枝扦插

1.插条采集

落叶后伤流前采集,在采穗圃中采集品种纯正、植株健壮、无病虫害、充分成熟、节间长度均一、芽眼充实饱满、粗度在 0.6~1.2 cm 的一年生枝条为插条。把枝条 6~8 节剪为 1 段,每 50~100 段为 1 捆,分别在两头绑捆起来,用 3~5°Be 石硫合剂浸泡 1~3 min,晾干后,系上标签,写明品种数量、采集地点,随即放置到指定的地点贮藏。

2.插条贮藏

贮藏温度以−1~1 ℃为宜,相对湿度 80%,贮藏方法有沟藏、窖藏和冷

库藏。

3.插条处理

扦插前将插条取出,按 2~3 个芽为 1 段剪截,上端在距芽 1.5~2.0 cm 处平剪,下端在芽下 1.0 cm 处斜剪。将剪好的插条用清水浸泡 12~24 h。每隔 5~6 h 换一次清水,让插条吸足水分。常用的生根剂有吲哚丁酸、萘乙酸等,使用时,先用少量酒精把生根剂溶解,后兑清水。1 g 生根剂用 200 ml 酒精,兑水 2~3 kg。插条基部在生根剂溶液中快速蘸 3~5 s。其他生根剂按说明书配制使用。

4.扦插时间

3 月下旬至 4 月上旬,土温稳定在 10 ℃以上时进行扦插。

5.扦插

按株行距 15 cm×25 cm 进行扦插。覆膜的地块,插条斜插入,插条顶部芽稍稍露出膜,用湿土盖住上剪口。按品种分别扦插,挂牌登记。

二 绿枝扦插

1.插条采集

插条选择采穗圃中当年生半木质化的粗壮新梢;插条插前采集,随采随插。

2.插条处理

将插条截成 15~20 cm 长的小段,留顶端 1 片叶,其余剪除。插条上端剪口要平,下端剪成马耳形。插条剪好后,用浓度 100~300 mg/kg 萘乙酸溶液快速蘸 5 s 左右。

3.扦插时间

及时处理,及时扦插。

4.扦插

扦插时,将插条稍斜插入土中,上部露出 1 个芽。扦插株行距为 15 cm×25 cm。

5.扦插后管理

(1)新梢管理。新梢抽出长 5~10 cm 时,选择 1 个粗壮枝,其余抹掉;待新梢生长至 40~50 cm 时,立杆拉绳引绑新梢。新生副梢保留 1~2 片叶第 1 次摘心,反复摘心 2~3 次。

(2)温湿度控制。白天棚内温度控制在 20~25 ℃,最高不能超过 30 ℃,夜间保持在 10 ℃以上。应根据土壤干湿程度和苗木生长情况适时浇水。当插条长出新叶后,在日光充足的天气注意通风,降温降湿。

(3)遮阳。绿枝扦插需遮阳,要求遮阳 60%~70%,待新芽萌发后拆除遮阳物。

(4)炼苗。温室容器苗长到 15 cm 时,开始逐步通风透光,控水、控肥、炼苗。

(5)肥水管理。扦插后尽量减少灌水,保持嫩梢出土前土壤不干旱。旱时要一次性灌透水。雨季要及时排水。结合浇水追施速效性肥料 2~3 次,前期以氮肥为主,后期要配合磷钾肥。

(6)病虫害防治。重点防治黑痘病、霜霉病、叶蝉、绿盲蝽等病虫害。做好预防，对已发生的病虫害要及时进行综合防治。发芽前喷 50%多菌灵800~1 000 倍液,并间喷 1:1:160 波尔多液,预防黑痘病等。8 月、9 月喷160~200 倍半量式波尔多液防治霜霉病，发病盛期间隔喷施 80%霜脲氰可湿性粉剂 3 000 倍液或 50%烯酰吗啉可湿性粉剂 2 000 倍液;喷施 22%氟啶虫胺腈悬浮剂 1500 倍液防治绿盲蝽和叶蝉。

第三节 嫁接苗培育

一 砧木培育

1.砧木种类

选用扦插易生根、抗逆性强的种类作为砧木,如贝达、SO4、5BB 等。

2.砧木苗的培育

参考葡萄扦插苗培育。

3.砧木苗规格

砧木粗度为 0.3~0.5 cm 的适宜嫁接。

二 硬枝嫁接

1.接穗的选择

落叶后伤流前采集,在采穗圃中采集品种纯正、植株健壮、无病虫害、充分成熟、节间长度均一、芽眼充实饱满、粗度在 0.6~1.2 cm 的一年生枝条为插条。把插条 6~8 节剪为 1 段,每 50~100 段为 1 捆,分别在两头绑捆起来,用 3~5°Be 石硫合剂浸泡 1~3 min,晾干后,系上标签,写明品种数量、采集地点,随即放置到指定的地点贮藏。

2.嫁接方法

常用劈接法。嫁接在葡萄伤流期前进行。在田间供劈接的砧木离地表10~15 cm 处剪截,在横切面中心线垂直劈下,深 2~3 cm。接穗选择有 1~2 个饱满芽的,在顶部芽以上 2 cm 和下部芽 3~4 cm 处截取。在芽下两侧分别向中心切削成 2~3 cm 长的削面,削面要求平滑,呈楔形。将接穗插入砧木劈口,对准一侧的形成层,然后用宽 3 cm、长 20 cm 的塑料膜由砧木的切口的最下端向上缠绕至接芽处,包严接穗削面后反转,在砧木切口下端打结。

三 绿枝嫁接

1.接穗采集

在采穗圃中采集品种纯正、生长健壮、无病虫害的枝条作为接穗。接穗选择当年生半木质化的绿枝,芽眼最好利用刚萌发而未吐叶的夏芽。如夏芽已长出 3~4 片叶,则去掉副梢,利用冬芽。就近取穗,随采随接。需从外地采穗时,应及时去掉绿枝叶片,做好降温保湿工作。

2.嫁接时间

嫁接时间以砧木和接穗均达半木质化,芽眼较容易掰下时为宜。江南地区一般在 5—6 月嫁接,长江以北地区一般在 6—7 月嫁接。

3.嫁接方法

(1)劈接法。嫁接时,砧木留 3~4 片叶子,将以上部分截断,在截面中间垂直劈开长 2.5~3 cm 的切口。选与砧木粗细和成熟度相近的接穗,在芽下方 0.5 cm 左右,从两侧向下削成长 2.5~3.0 cm 的削面,插入砧木的切口中,使二者形成层对齐,接穗斜面露白 0.5 mm,用 0.5~0.6 cm 宽的薄塑料条包扎结实。

(2)舌接法。先将接穗和砧木接口处削成斜面,斜面长为枝粗的 1.5~2 倍;再在砧木斜面上靠近尖端 1/3 处和接穗斜面上靠近尖端 2/3 处,各自垂直向下切一刀,深 1~2 cm,然后将两舌尖插合在一起,用薄塑料条包扎结实。

(3)方块形芽接。选好饱满芽后,在距芽上下各 1 cm 处横切一刀,距芽两侧各 0.5 cm 处竖割一刀,深达木质部,将芽切成 2 cm×1 cm 的长方形芽片。不带木质部掰下,在砧木适当位置的节上,去掉砧芽,接上长方

形芽片。要求上下左右切口对齐,紧密吻合,用塑料条缠紧绑实。

（4）带木质盾形芽接。接穗选饱满的冬芽,除去副梢。在芽上方 1 cm 处用芽接刀向下斜削到芽下 1.5 cm 处,深度是接穗粗的 1/5 或 1/4,再在芽下 1 cm 处向下削,深度同前。取下带木质盾形芽片,放在湿毛巾中,然后在同样粗细的砧木节间,选适当位置,切同样形状、大小的切口。将带木质接芽插入切口,上下两侧对齐,从芽的上方向下缠绑,将芽及叶柄全绑、缠严。

四 苗期管理

（1）补接。接穗萌芽后,对未接活的要及时补接。

（2）抹芽。及时抹去砧木上的萌发芽,促使接芽及早萌发。

（3）解绑。当芽萌发后,及时将绑扎用的塑料条解除。

（4）摘心。对接穗芽所发新梢进行摘心,抹除苗木新梢基部副梢,保留顶端 2 个副梢用于牵引。当顶端副梢长到 5~7 片叶时，留 1~2 片叶,反复摘心。

（5）剪砧。芽接苗翌春伤流前,在接芽的上方 2~3 cm 处剪截砧木枝条。

（6）肥水管理。尽量减少灌水,保持嫩梢出土前土壤不干旱。旱时要一次性灌透水。雨季要及时排水。结合浇水追施速效性肥料 2~3 次,前期以氮肥为主,后期要配合磷钾肥。

（7）病虫害防治。重点防治黑痘病、霜霉病、叶蝉、绿盲蝽等病虫害。做好预防,对已发生的病虫害要及时进行综合防治。发芽前喷 50%多菌灵 800~1 000 倍液,并间喷 1:1:160 波尔多液,预防黑痘病等。8 月、9 月喷 160~200 倍半量式波尔多液防治霜霉病，发病盛期间隔喷施 80%霜脲氰可湿性粉剂 3 000 倍液或 50%烯酰吗啉可湿性粉剂 2 000 倍液；喷施22%氟啶虫胺腈悬浮剂 1 500 倍液防治绿盲蝽和叶蝉。

▶ 第四节　葡萄容器苗培育

容器育苗是在特定的容器里进行育苗的方法,是培育优良葡萄苗的方法之一。容器盛有养分丰富的培养土等基质,常在塑料大棚、温室等保护设施中进行育苗,可使苗的生长发育获得较佳的营养和环境条件。苗木随根际土团栽种,起苗和栽种过程中根系受损伤少,具有成活率高、缓苗期短、发根快、生长旺盛等优势。葡萄的容器育苗一般采用扦插法。

一　容器苗培育准备

1.葡萄育苗准备

选择品种纯正、生长健壮、抗逆性强、丰产性好的无病毒葡萄优良品种,在冬季修剪时将剪下的成熟度好、芽眼饱满充实、粗度在 0.6~1 cm 的一年生无病虫害的枝蔓,挂上标签,注明品种、日期等。宜选择背风遮阳的地方,挖深约 80 cm、宽约 100 cm 的贮藏坑,长度根据插条的数量决定。贮藏时先在坑底部铺上 15~20 cm 厚的沙,一层插条一层沙,以三层为宜,最后盖上一层厚 30 cm 左右的沙。沙的湿度要求手握成团,松手即散,不可太干或太湿。贮藏期间要经常检查坑内的温度和湿度,并及时调整好温度、湿度,确保插条新鲜有活力,不腐烂变质。

2.容器的选择及基质的混配装钵

选择直径 8~10 cm、高 15 cm 的圆形塑膜容器,底部有孔,便于排出多余水分。目前使用较多的基质材料有泥炭、蛭石、珍珠岩、蔗渣、菇渣、沙砾和陶粒等。容器育苗基质以泥炭原料为主,配以珍珠岩,泥炭与珍珠岩按 5:1 的比例搅拌均匀。将配好的基质体装入容器,八成满即可。

3.葡萄插条的剪取与处理

在第 2 年 3 月下旬至 4 月上旬取出贮藏的插条，用清水冲洗净沾在插条上的沙、泥等，沥去多余的水，并选择成熟度好且芽眼饱满充实的插条，按 2~3 节为 1 段、长大约 25 cm 进行剪截，上剪口距上芽 1~1.5 cm，下剪口靠近节部斜剪成马蹄形。因节的隔膜内营养丰富，故很容易形成愈伤组织促发新根。将剪好的插条 20~30 根捆成一捆，要求插条下剪口在同一端，整齐一致，并将插条下剪口 3~5 cm 浸泡在配制好的 50~300 mg/L 吲哚丁酸溶液或其他生根粉溶液中 1~2 h，然后扦插到装好基质的容器中。

二 容器苗育苗方法及管理

1.容器苗育苗方法

在 15 cm 左右深处的地温为 10 ℃以上时进行扦插。扦插时先用粗度一致的废弃插条引眼 5~8 cm，然后插入处理好的插条，并将周围的基质按实，使插条与基质结合紧密，并挂好有品种、扦插日期等内容的标签；将插满插条的容器整齐放在整好的田垄上，一般垄宽放 10 个，垄的长度根据容器的多少决定，然后浇透水，覆好保温膜，并搭好遮阳网。

2.容器苗苗期的管理

（1）水分管理。扦插后根据天气情况控制好容器的温度和湿度，一般 5~8 d 浇 1 次水。如遇雨天，及时排水。如遇高温，及时揭膜通风。维持适宜的湿度和温度，以促进根系快速生长。

（2）枝梢管理。随着温度的上升，插条上部的芽开始萌动，这时要及时抹除多余的芽，保留 1 个健壮饱满芽即可。当抽出的枝梢长到 40 cm 左右时，及时摘心，促进枝梢加粗和木质化，并及时处理副梢。

（3）炼苗促长。大约 4 周，根系已长出 1~2 cm，这时便可炼苗了。炼苗时先去掉遮阳网，再逐步将覆膜拉开，过 4~5 d，待苗木慢慢适应外界气温后,再将覆膜全部撤掉,并每隔 5~7 d 在叶面喷施 1 次 3%磷酸二氢钾溶液或 3%尿素溶液。经适当干旱等炼苗促长管理后,进一步促进根系生长,大约 8 周,根系长到 5 cm 左右,侧根增多,发达健壮,上部枝梢进一步增粗并木质化,这时就可以出圃移栽了。

(4)病虫害防治。要及时预防病虫害。主要虫害有金龟子、叶蝉、绿盲蝽、蚜虫等,可用 1 500~2 000 倍的溴氰菊酯,或 4.5%高效氯氰菊酯乳油 1 500~2 000 倍液等;病害主要有霜霉病、白粉病及炭疽病等,可交替使用 70%代森锰锌可湿性粉剂 600~800 倍液,或 50%福美双可湿性粉剂 500~ 1 000 倍液,或 25%嘧菌酯(阿米西达)悬浮剂 1 500 倍液,提倡预防为主、综合防治,交替、复配用药比单一用药效果理想。

三 容器苗苗木出圃

当苗木长到一定程度,达到标准时即可出圃。出圃时要求品种纯正、枝条健壮、根系发达、无损伤与病虫危害,然后将苗木进行分级。为保证成活率,应带容器出圃并适时移栽。

▶ 第五节　苗木出圃

一 起苗

用起苗犁或铁锹将苗木顺行起出,保留根系长 15~20 cm,留 4~5 个芽,剪去梢部。起苗后及时收集、分级、贮藏。

二 苗木分级

在收集苗木的同时分级打捆。50~100株1捆,系上标签,注明品种,及时假植或贮藏。苗木质量分级参考下列标准(表3-1、表3-2)。

表 3-1　自根苗的质量标准表

项目		质量标准		
		一级	二级	三级
枝干	枝干粗度/cm	≥0.8	≥0.6	≥0.5
	枝干高度/cm	≥20		
	芽眼数/个	≥5		
	成熟度	木质化程度高,充分成熟		
根系	侧根数量/个	≥5	≥4	≥4
	侧根粗度/cm	≥0.3		
	侧根长度/cm	≥20		
	侧根分布	均匀、舒展		
损伤		枝干无机械损伤,根系机械损伤少		
病虫害情况		无检疫对象,无明显危害症状		
纯度/%		≥98		

表 3-2　嫁接苗的质量标准表

项目		质量标准		
		一级	二级	三级
枝干	成熟度	木质化程度高,充分成熟		
	枝干高度/cm	≥30		
	接口高度/cm	10~15		
	枝干粗度/cm	≥0.8	≥0.7	≥0.6
	接穗品种芽眼数/个	≥5		
	嫁接愈合程度	愈合良好		
根系	侧根数量/个	≥5	≥4	≥4
	侧根粗度/cm	≥0.3		
	侧根长度/cm	≥25		
	侧根分布	均匀、舒展		
根皮与枝皮		无新损伤		
砧木萌蘖		完全清除		
病虫害情况		无检疫对象,无明显危害症状		
品种与砧木纯度/%		≥98		

三 苗木包装、运输与贮藏

　　外运的苗木要避免风干、冻伤。包装物可用麻袋、草包、塑料布及箱子。包装时要在根系之间填充湿锯末或湿草。苗木的贮藏方法与枝条相同。贮藏时苗木的根与根之间、枝与枝之间一定要填满湿沙或细土,防止烧苗。贮藏期间要经常检查,在刚发现有霉菌生成时,要翻窖。

▶ 第一节 园地选择与规划

一 园地选择

1.环境要求

要求无霜期 120 d 以上;年日照时数 2 000 h 以上;年降水量在 800 mm 以上地区,应采用避雨设施栽培。

2.市场目标

种植葡萄的最终目的是在市场上把葡萄产品卖出去,即形成商品,所以葡萄的生产应以市场为导向,确定目标市场,以及销售形式是零卖还是批发还是特殊消费,是就近销售还是远销;再分析在目标市场上什么样的葡萄好卖,什么时候上市的葡萄效益好,何种形式栽培收入高;并因此确定工作思路及建园方向。这样可以少走弯路,多创效益。品种和技术、包装和流通都要为市场销售服务。

3.地理位置

葡萄园应建立在靠近消费市场、交通方便的地方。鲜食葡萄园宜选在城镇郊区、厂矿生活区,加工葡萄园则宜建在靠近工厂的地方。

4.地形与土壤

葡萄园最好建在缓坡（坡度小于 5°），地下水位较高（1 m 以上），土层深厚（1 m 以上），土壤有机质含量高（1%以上），疏松,pH 适宜（6.5~7.5）的沙壤土上。如不能达到上述条件，必须进行适当改造，如平整土地、土壤改良客土、掺沙或增施有机肥等。

5.水源与环境

园地附近要有充足的水源和排水系统,以便旱能灌、涝能排。同时,要注意水源的洁净。葡萄园要远离大的工矿企业和遭受"三废"污染的地区,以免葡萄遭受危害。环境污染会严重影响葡萄的正常生长,如大气污染会使葡萄枯萎、落叶、减产、品质变劣、病虫害严重,而且受环境污染的果园,达不到生产无公害葡萄果品的要求。

二 园地规划

应根据立地条件、面积和架式等进行规划,内容包括道路设计、防护林营造、土壤改良、水土保持、排灌系统设置等。

1.划分小区

根据地块形状、现有道路和水利设施等条件,划分若干小区,小区面积以 7~10 ha 为宜,形状以长方形为宜,长宽比为(2~3):1。

2.道路设计

道路分主干道、副主干道和区内作业道。主干道要求位置适中,贯穿全园,连接外部交通线,路宽 6 m;副主干道宽 4 m,为小区分界线,与主干道和区内作业道相连;区内作业道与副主干道相连,路宽 3~4 m。

3.防护林营造

大面积葡萄园需设防护林,以防大风,同时也可以改善果园的温湿度条件。树种宜选毛白杨、沙兰杨、银杏、紫穗槐等。主林带一般与风向垂

直,东西方向,乔灌木结合,宽度一般为 10~14 m,5~7 行,行距 1.5~2 m,株距 1~1.5 m,主林带间距 1 000~1 200 m;副林带与主林带方向垂直,宽 6~10 m,3~5 行,副林带之间距离 1 000~1 200 m。林带与果树的距离为 8 m 以上。

4.排灌系统设置

一般采用行间沟灌的形式。排水沟渠的宽度为 1.5~2 m。沟壁为 60°~70°的斜坡面。沟外栽植灌木。有条件的园区采用滴灌、喷灌等节水灌溉。

▶ 第二节 建园技术

一 整地施肥

葡萄定植前的整地施肥是保障葡萄当年和以后健康生长的基础性工作。葡萄一旦定植后,由于葡萄植株与架材占据一定的位置,土壤改良就变得不方便了,因此,要高度重视种植前葡萄园的整地和有机肥的施用。葡萄定植前施用的有机肥一般应以生物菌肥、食草动物的粪便、各种作物秸秆为主,如牛粪、羊粪,粉碎的玉米秸秆、小麦秸秆等,这些有机肥对改良土壤结构效果较为显著。一般每亩可撒施 5~10 t。

1.土地平整

用旋耕机全园旋耕一遍,尽量将土地整平,去除石块等杂物。

2.确定植行,撒施肥料

行距的确定应根据不同的架式并参考品种的生长势决定。V 形架行距一般为 2.5~3.5 m,应根据确定的主干高和土壤条件而定。在人工费用越来越高的情况下,扩大行距、增加机械作业比例是发展的趋势。

植行确定后,用长绳在定植行中央标定,保证定植行成一条直线。在定植行中央撒施宽度为 1 m 的肥料带。

3.旋耕机二次旋耕

肥料施入定植行后,再次用旋耕机旋耕定植行,保证肥料与土壤混合均匀。

4.深翻定植沟

用挖掘机沿定植行挖 80~100 cm 深的定植沟,将挖出的土就地回填到定植沟内。

5.定植行开沟,灌水沉实,定植行旋耕整平

用开沟机沿定植行开 25 cm 深的浅沟,直接浇水漫灌沉实。待水稍微下渗,旋耕机下地沿定植沟将土地旋耕整平。

二 品种选择

根据市场需求,结合气候特点、土壤条件和品种的成熟期、抗逆性和品质特性等,选择适宜品种。

三 苗木选择与消毒

1.苗木选择

苗木质量的优劣,直接影响苗木成活率、幼树生长量和早期产量,因此,必须按苗木标准进行选苗,保证栽植苗的质量。苗木要尽量选用健壮的一级合格苗。要求根系完整,有 5 条以上、直径在 2~3 mm 的侧根。苗粗度在 5 mm 以上,完全成熟木质化,其上有 3 个以上的饱满芽。苗木应无病虫危害。若是嫁接苗,则砧木类型应符合要求,嫁接口完全愈合,无裂缝。

2.苗木消毒

定植前将苗木的地上部分用 3~5°Be 石硫合剂消毒,并对机械损伤

的主侧根和细根做适当的修整,剪去枯桩。对过长的根系,留 20~30 cm,其余的剪截掉,要避免修剪过重,尽量保证苗木根系的完整性。然后放清水中浸泡 1~2 h,使其充分吸水。定植前,可以用 50 mg/L 的 ABT 生根粉浸泡 5~10 min,然后定植。目前,我国葡萄苗木的主要检疫对象是葡萄根瘤蚜和美国白蛾。外运苗必须检疫,一旦发现疫情,苗木必须烧毁以防止蔓延。

（四）定植密度

定植密度依据品种、砧木、土壤、设施、栽培架式等而定,生长势强的品种株行距宜大些, 提倡适当稀植。一般篱架株行距为（1.0~4.0)m×（1.5~3.0）m,每亩定植 56~444 株;棚架株行距为(2.0~4.0)m×(3.0~8.0)m,每亩定植 20~111 株。

（五）定植技术

1.定植时间

从秋末落叶前后到早春萌芽前均可定植,以 11 月上中旬定植为佳。春季定植,应在土壤解冻后、芽萌动前进行。

2.定植方法

根据测定好的定植点,挖定植穴或定植沟,深 80 cm 左右,宽 80~100 cm。挖时将表土和心土分别堆放两侧。盐碱重的地块要改土,用 30 000 kg/hm² 土杂肥与表土混匀后填入,边填边踩,至距地面 30~40 cm 时将选好的苗放入,用手梳理根系,使之舒展,并摆好位置,纵横成行。填土时要边填边轻轻摇动苗木并稍向上提苗木,使根系舒展开,根土充分结合,边填边踩。苗木栽植深度,以根茎略高于地面为宜,填平后充分灌水。待水渗下后,由于灌水下沉的作用,苗木根茎正好与地面平齐,在苗木周围培土堆。春天发芽前,松土并灌水保墒,以提高成活率。

六 定植后管理

1.地膜覆盖

定植后,可以通过地膜覆盖,利用其增温、保墒、保肥等优点,促进葡萄植株早发根、多发根,加速恢复根系的生长活动。 地膜覆盖后,需将根际的破口用土封好,防止雨水大量进入。

每株幼苗的地膜覆盖面积应在 1 m² 以上,最好整畦覆盖,起到保温、保肥、保水的作用,并可在多雨的年份避免土壤的持水量过多而引起烂根。在春季冷空气过后,温度回升过高时,必须在根系分布范围的地膜上加盖杂草等覆盖物,避免温度过高烫伤幼根。

撤膜一般应在当地气温相对稳定,春季有短时间的高温来临前进行。不可在冷空气来临前撤膜,否则新发的幼嫩根系会因适应不了气温的急剧变化而受损,影响葡萄植株的健康生长。

2.浇水追肥

(1)浇水。栽后立即浇一次透水,之后松土覆膜保墒。灌水遵循"前促,后控,中间足"的原则,7 月底前尽量保障供水,保证植株正常需水量,促进植株生长。8 月下旬停水,控制生长,促进新梢成熟老化,增强植株越冬抗寒能力。

(2)追肥。7 月上旬以前少量多次追肥是促进早期生长的重要措施。葡萄新梢长至 10~20 cm 时结合浇水每隔 10~15 d 追肥 1 次,持续追肥 2~3 次,每次 50 g/株。前期以尿素为主,后期以二铵等复合肥为主。施肥沟或穴距植株基部 20~30 cm,深 10~15 cm,不可距植株太近,以防烧苗。7 月下旬以后进行 2 次叶面追肥,叶面喷施 0.3%磷酸二氢钾溶液。

3.抹芽定枝

（1）抹芽。葡萄苗发芽后应及时抹芽,保留 1 个健壮新梢作为主干培养。

（2）定枝。本着留强不留弱、留单不留双的原则,每株留 1 个健壮的新梢向上延长生长,其余的枝蔓留 2~3 叶后全部摘心。

4.立杆绑蔓

葡萄枝蔓软弱,必须依靠架材的支撑才能直立生长。待苗木长到 20~30 cm 时,在幼树一侧插 130~150 cm 长的木棍引绑枝蔓,使幼蔓直立向上生长,增强直立顶端优势,促进苗木生长发育。在全生育期内引绑 3~4 次,使枝蔓始终保持直立状态。

5.主梢摘心

随着苗木的生长,要及时抹除距地面 30 cm 以下的二次副梢,以利枝蔓下部通风透光,节约养分,促进主梢生长。

6.副梢处理

待苗木长到 80 cm 时,对所有的苗木进行一次摘心。主要针对距地面 30 cm 以上的两侧一次副梢,留 2 叶后摘心;二次以上的副梢留 1 叶,反复摘心控制。在摘心去副梢的同时去掉卷须。

7.中耕除草

在每次灌水后应及时中耕除草,始终保持地面土壤疏松无杂草。

8.病虫害防治

重点防治黑痘病、霜霉病、叶蝉、绿盲蝽等病虫害。做好预防,对已发生的病虫害要及时进行综合防治。发芽前喷 50%多菌灵 800~1 000 倍液,并间喷 1:1:160 波尔多液,预防黑痘病等。8 月、9 月各喷 160~200 倍半量式波尔多液防治霜霉病,发病盛期间隔喷施 80%霜脲氰可湿性粉剂 3 000 倍液或 50%烯酰吗啉可湿性粉剂 2 000 倍液;喷施 22 %氟啶虫胺腈悬浮剂 1 500 倍液防治绿盲蝽和叶蝉。

9.园区间作

葡萄园适当间作可充分利用土地和空间,实现立体高效栽培,尤其是新建葡萄园可提高早期经济效益。在前 2~3 年可选用根系较深的喜光作物,如药用作物黄芩、沙参、丹参、黄芪、射干等。挖药材时填入秸秆、锯末等有机物,同时进行土壤改良。以后应选择植株矮小、根系较浅,不影响葡萄光照,不与葡萄争夺肥水,当年可获收成的作物,如花生、绿豆或不爬蔓的芸豆以及蒜、洋葱、茄子、辣椒、马铃薯等,城市郊区葡萄园还可间作草莓。

第五章 葡萄高效设施栽培

▶ 第一节 避雨设施

一 简易避雨棚

简易避雨棚采取南北走向,一般以畦为单位,立柱与架柱合用,架柱为单位,柱间宽与行距大小一致;在架上方搭拱形避雨棚,与篱架对应,形成半封闭。避雨棚之间的间隙与畦沟对应。简易避雨棚一般行距在2.5~3.0 m的棚肩宽为2.0~2.5 m,棚高2.3~2.7 m,棚间隙保持在50 cm。

1.材料规格

立柱宽度一般为10 cm×14 cm,长270~350 cm,其中地下50 cm,地上220~300 cm,内含6根钢丝的混凝土方形立柱。钢丝为8~10号不锈钢镀锌钢丝。

2.支架构建

(1)双十字V形架。共由2个横梁、3层5根镀锌钢丝组成。第一层1根镀锌钢丝距地面80~120 cm,固定在架柱上;第一根横梁距地面120~170 cm,长度50~60 cm,第二层2根镀锌钢丝固定在第一根横梁的两端;第二根横梁距第一根横梁40~50 cm,长度80~120 cm,第三层2根镀锌钢丝固定在第二根横梁的两端。简易避雨棚双十字V形架见图5-1。

图 5-1　简易避雨棚双十字 V 形架

（2）高宽垂 T 形架。架形结构由 1 根横梁、2 层 5 根镀锌钢丝组成。第一道镀锌钢丝距地面 120 cm 以上，固定在架柱上；横梁距第一道镀锌钢丝 40~50 cm，长度 80~120 cm，横梁的两端分别固定 2 根镀锌钢丝。简易避雨棚高宽垂 T 形架见图 5-2。

图 5-2　简易避雨棚高宽垂 T 形架

二 连栋大棚避雨设施

连栋大棚避雨设施见图 5-3、图 5-4。其由若干个镀锌钢管单棚相连，

采取南北走向,每单棚跨度 6.0~8.0 m,长度 40~60 m,顶高 3.6~4.0 m,肩高 2.0~2.5 m,单棚间设排水槽并互相联结。

图 5-3　避雨设施连栋大棚(1)

图 5-4　避雨设施连栋大棚(2)

1.材料规格

立柱为(4~6)cm×(6~8)cm 镀锌钢材。钢丝为 10 号不锈钢镀锌钢丝。

2.支架构建

一般采用水平棚架。由角柱、边柱和立柱组成架型结构。每隔 3.0~4.0 m 立一行立柱,柱距 3.0~4.0 m,地面柱高 220~230 cm,柱顶呈一平面。离地面 190~220 cm 处拉热镀锌钢丝,交错编织成 30 cm×30 cm 平面网格。

三 避雨设施棚膜管理

1.棚膜选择

可选择无色、长寿命、无滴、抗老化和透光性好的醋酸乙烯多功能复合膜(EVA)或聚乙烯薄膜(PE)棚膜。

2.覆膜和揭膜时间

以葡萄芽开始萌动时覆膜为宜;葡萄果实采收后揭膜;霜霉病重的地区,采果后可继续覆膜一段时间,10月中下旬再揭膜。

3.光照的调节

定期除去膜上的尘土和遮光物,以保证最大限度的透光;有条件的可在地面铺设反光膜,增加棚内光照。

第二节　促成栽培

一 环境调控技术

1.光照

(1)改造设施结构,提高透光率。建造方位适宜、采光结构合理的设施,同时尽量减少遮光骨架材料并采用透光性能好、透光率衰减速度慢的透明覆盖材料并经常清扫。

(2)通过环境调控延长光照时间。增加光照强度,改善光质,正确揭盖草苫和保温被等保温覆盖材料,并使用卷帘机等机械设备以尽量延长光照时间;采用后墙涂白、于果实着色期挂铺反光膜的方法增加散射光;利用补光灯进行人工补光以增加光照强度;安装紫外线灯以补充紫外线,采用转光膜改善光质等措施改善设施内的光照条件。

（3）通过栽培技术改善光照。采用适宜架式和合理密植,在葡萄栽培设施中架式以单篱架和小棚架为宜。其中,单篱架适宜的栽植密度为行距 1.5~2.0 m,株距 0.7~1.0 m;小棚架适宜的栽植密度为行距 4.0~6.0 m,株距 0.7~1.0 m。

（4）采用高光效树形和叶幕形。葡萄栽培中,适宜的高光效树形为单层水平形和单层水平龙干形。高光效叶幕形分别为短小直立叶幕、水平叶幕、L 形叶幕、V 形叶幕和"V+1"形叶幕。

2.温度(土温和气温)

（1）气温调控。

①调控标准。催芽期:第一周白天 15~20 ℃,夜间 5~10 ℃;第二周白天 15~20 ℃,夜间 7~10 ℃;第三周至萌芽白天 15~20 ℃,夜间 10~15 ℃。从升温至萌芽一般控制在 25~30 d。

新梢生长期:白天 20~25 ℃;夜间 10~15 ℃,不低于 10 ℃。从萌芽到开花一般需 40~50 d。

花期:白天 22~26 ℃;夜间 15~20 ℃,不低于 14 ℃。花期一般维持 7~15 d。

浆果发育期:白天 25~28 ℃;夜间 20~22 ℃,不宜低于 20 ℃。

着色成熟期:白天 28~32 ℃;夜间 14~16 ℃,不宜低于 14 ℃;昼夜温差10 ℃以上 。

②保温技术措施。优化棚室结构,强化棚室保温设计;选用保温性能良好的保温覆盖材料,多层覆盖;挖防寒沟,在棚室周围挖宽 30~50 cm、深度大于当地冻土层 30 cm 的防寒沟,在防寒沟内铺垫塑料薄膜,然后填装杂草和秸秆等保温材料,防止温室内土壤热量传导到温室外;人工加温;正确揭盖草苫、保温被等保温覆盖物。

③降温技术措施。通风降温。注意通风降温顺序:先放顶风,再放底风,最后打开北墙通风窗进行降温;喷水降温,注意喷水降温必须结合通

风降温,防止空气湿度过大;遮阴降温,此方法只能在催芽期使用。

(2)土温调控。

起垄栽培:葡萄栽植前,按适宜行向和株行距挖沟,一般沟宽80~100 cm,深60~80 cm,先回填20~30 cm厚的砖瓦碎块,再回填30~40 cm厚的秸秆杂草(压实后形成约10 cm厚的草垫),然后每亩施腐熟有机肥5~10 m³并与土混匀回填,灌水沉实,再将表土与500 kg新型多功能生物有机肥混匀,起40~50 cm高、80~100 cm宽的定植垄,最后在定植垄上栽植葡萄。

早期覆盖地膜:一般于扣棚前30~40 d覆盖。

秸秆生物反应堆技术:在行间开挖宽30~50 cm、深30~50 cm、长度与树行长度相同的沟槽,然后将玉米秸、麦秸、杂草等填入,同时喷洒促进秸秆发酵的生物菌剂,最后秸秆上面填埋10~20 cm厚的园土。园土填埋时注意两头及中间每隔2~3 m留置一个宽20 cm左右的通气孔,为生物菌剂提供氧气通道,促进秸秆发酵发热。园土填埋完后,从两头通气孔浇透水。

3.湿度

(1)调控标准。

催芽期:此期要求空气相对湿度90%以上,土壤相对湿度80%左右。

新梢生长期:此期要求空气相对湿度60%左右,土壤相对湿度以60%~80%为宜。

花期:此期要求空气相对湿度50%左右,土壤相对湿度以60%~70%为宜。

浆果发育期:此期要求空气相对湿度60%~70%,土壤相对湿度以70%~80%为宜。

着色成熟期:此期要求空气相对湿度50%~60%,土壤相对湿度以60%左右为宜。

（2）调控技术。

降低空气湿度技术：通风降湿；全园覆盖地膜；改革灌溉制度，将传统漫灌改为膜下滴灌或膜下灌溉，并采用隔行交替灌溉技术；升温降湿；挂吸湿物；等等。

增加空气湿度技术：喷水增湿。

土壤湿度调控技术：主要采用控制浇水的次数和每次灌水量的方法。

4.二氧化碳浓度

（1）提高二氧化碳浓度的方法。

①增施有机肥。

②施用固体二氧化碳气肥。由于对土壤和使用方法要求较严格，该法目前应用较少。

③燃烧法。燃烧煤、焦炭、液化气或天然气等产生二氧化碳，该法使用不当容易造成二氧化碳中毒。

④化学反应法。包括盐酸–石灰石法、硝酸–石灰石法和碳铵–硫酸法。其中，碳铵–硫酸法成本低、易掌握，在产生二氧化碳的同时，还能将不宜在设施中直接施用的碳铵转化为比较稳定的可直接用作追肥的硫酸铵，是现在应用较广的一种方法。

⑤二氧化碳生物发生器法。该法利用生物菌剂促进秸秆发酵释放二氧化碳气体，提高设施内的二氧化碳浓度。在行间开挖宽 30~50 cm、深 30~50 cm、长度与树行长度相同的沟槽，将玉米秸、麦秸、杂草等填入，同时喷洒促进秸秆发酵的生物菌剂，最后在秸秆上面填埋 10~20 cm 厚的园土。填土时，注意每隔 2~3 m 留置一个宽 20 cm 左右的通气孔，为生物菌剂提供氧气通道，促进秸秆发酵发热。园土填埋完后，将两头通气孔浇透水。

⑥合理通风换气。在通风降温的同时，使设施内外二氧化碳浓度达到平衡。

（2）二氧化碳施肥注意事项。

施用时期：于叶幕形成后开始进行二氧化碳施肥，一直到棚膜揭除后为止。

施用时间：一般在天气晴朗、温度适宜的天气条件下于早上日出后1~2 h开始施用，每天至少保证连续施用2 h，全天施用或上午施用，阴雨天不能施用。

施用浓度：葡萄栽培中经济有效的二氧化碳施用浓度为$(800~1\,000)\times10^{-6}$[空气中二氧化碳浓度为$(320~360)\times10^{-6}$]。

二 破眠处理

1.破眠剂浓度调制

（1）单氰胺。将50%单氰胺水溶液加水配制成0.5%~4.0%的单氰胺水溶液，用以破除葡萄冬芽的休眠。一般使用2%~3%的浓度效果最好。

（2）石灰氮。石灰氮溶液打破休眠需要的浓度为10%~20%。将粉末状的石灰氮置于非铁容器中，加入5~10倍量的水浸泡24 h后，取上清液，将pH调为8左右。

2.处理技术要点

涂抹时间最好在萌芽前1~1.5个月，一季只能使用一次；将混合好的药剂涂抹于未萌动的芽眼上面，顶端两个不涂；要防止过早使用破眠剂引起冻害，防止使用浓度过大、使用次数过多引起烧芽，使用有机硅等增效剂后要减少用药剂量和浓度，以免引起烧芽。

3.安全使用

在涂抹时，使用者要佩戴手套和口罩，防止药水沾到手上，灼烧皮肤；使用后认真清洗使用工具；未使用完的药水，应存放在无阳光直射、低温的环境中保存，或深埋剩余药剂，确保人畜安全。

第六章　葡萄整形修剪

▶ 第一节　整形修剪的原则和依据

一　葡萄整形修剪的原则

根据葡萄的种群和品种特性,采取适当的修剪措施。如所栽品种长势旺,结果系数又较低,应采取负载量较大的整形方式,如大棚架,否则会造成徒长,影响其生产潜力的发挥;对长势较弱的品种,则宜采用负载量较小的篱架整形,使枝蔓及早布满架面,获得早期丰产。

采用的整形修剪方式,应符合当地自然条件。在冬季气温较低、需要下架和埋土防寒的地区,可采用多主蔓无主干的整枝方式;在冬季气温较高、不需埋土防寒的地区,则需留主干,使葡萄枝蔓离地面较高,利于通风透光,减少病虫的滋生和蔓延;在光照较强、气温又较高的地区,也可留主干,以减少地面辐射对枝蔓、叶片和果穗的损伤;在地温较低的地区,为充分利用地面辐射能量,提高品质,也可不留主干,使葡萄枝蔓离地面较近,以减少低温伤害。

无论采用何种整形修剪方式,都要与土、肥、水等栽培管理技术密切配合。在土层较厚、肥水条件较好、管理技术水平也较高的地区,可采用负载量较大的整枝方式;反之,则需采用负载量较小的整枝方式。

对于不同种群、品种和类型的葡萄,整形修剪方式也应有所不同。对浆果的含糖量较高品种,需采用负载量较小的整形修剪方式。

二 葡萄整形修剪的依据

1.葡萄园的立地条件

立地条件不同,生长和结果的表现也不一样。在土质瘠薄的山地、丘陵或河、海沙滩地,因土层较薄、土质较差、肥力较低,葡萄枝蔓的年生长量普遍偏小,长势普遍偏弱,枝蔓数量也少。这些葡萄园,除应加强肥水综合管理外,修剪时应注意少疏多截,修剪量可适当偏大,产量也不宜过高;在土层较厚、土质肥沃、地势平坦、肥水充足的葡萄园,枝蔓的年生长量大,枝蔓多,长势旺,发育健壮,修剪时可适当多疏枝,少短截,修剪量宜适当减小。

2.栽培方式和密度

葡萄园的立地条件不同,架式和栽植密度不同,修剪方法也不一样。棚架栽培,定干宜高;篱架栽培,定干宜低;冬季严寒,需下架埋土防寒的地区的葡萄,为埋土方便,可以不留主干;为获得葡萄早期丰产,初期栽植密度宜大,枝蔓留量宜多,郁闭时再进行移栽或间伐。

3.管理技术水平

管理水平不高、肥水供应不足、树体长势不旺、枝蔓数量不多的葡萄园,整形修剪的作用是很难发挥的。这类葡萄园,如为追求高产,轻剪长放,多留枝蔓、果穗,就会进一步削弱树势,造成树体早衰,减少结果年限;如管理水平较高,树体长势健壮,枝蔓数量充足,则修剪的调节和增产作用可以得到充分发挥,从而获得连年优质、丰产。

4.品种特性

葡萄的种群和品种不同,结果年限的早晚以及对修剪的反应是不一

样的。因此,在修剪时,应根据不同种群、品种的生长结果习性,以及不同架式,采取不同的修剪方式,不能千篇一律,以便获得理想的修剪效果。

5.树龄和树势

葡萄的年龄时期不同,枝蔓的长势强弱也不一样:幼龄至初果期,一般长势偏旺;进入盛果期后,长势逐渐由旺而转为中庸;进入衰老期后,则长势日渐变弱。修剪时应根据这一变化规律,对幼树和初果期树适当修剪,多留枝蔓,促进快长,及早结果;对盛果期树,修剪量宜适当加重,维持优质、稳产;对衰老树,宜适当重剪,更新复壮。

6.修剪反应

葡萄的种群、品种和架式不同,对修剪的反应也不一样。判断修剪反应,可从局部和整体两个方面考虑。局部反应是根据疏、截或其他修剪方法,对局部枝蔓的抽生状况和花芽形成等进行判断;对整体的判断,依据是树体的总生长量,新生枝蔓的年生长量,枝蔓充实程度,果穗的数量及质量,以及果粒的大小,等等。各种修剪方法运用是否得当,修剪量的大小和轻重程度是否适宜,可以通过各种修剪方法的具体结果加以判断和改进。

▶ 第二节　葡萄常用树形及培养

一 常见的树形及架式选择

1.单干双臂水平棚架

单干双臂水平棚架见图 6-1。基本骨架为 1 个直立主干(主干高 1.8~2.0 m),2 个主蔓。主蔓布在立柱平面架下的镀锌钢丝上,每个主蔓两侧间隔 15~25 cm 培养 1 个结果枝组。

图 6-1　单干双臂水平棚架

2.H形水平棚架

H 形水平棚架见图 6-2、图 6-3,主干高度 1.8~2.0 m,中心主蔓两端各配置 2 个对生的主蔓,与中心主蔓垂直,在架面水平延伸,2 个主蔓间距 1.8~2.0 m。主蔓上直接配置结果母枝。

图 6-2　H 形水平棚架(1)

3.改良H形篱棚架

改良 H 形篱棚架见图 6-4、图 6-5,主干高度 1.8~2.0 m,顶部以主干为原点沿行向各培养粗 1.5 cm 的中心主蔓,中心主蔓两端各配置 2 个对生的主蔓,主蔓距离地面 1.2~1.5 m 并在架面延伸。主蔓上直接配置结果母枝。

图6-3　H形水平棚架(2)

图6-4　改良H形篱棚架(1)

图6-5　改良H形篱棚架(2)

4.单干双臂V形篱架

单干双臂V形篱架见图6-6,基本骨架为1个直立主干(主干高1.2~
1.5 m),2个主蔓。主蔓布在立柱平面架下的镀锌钢丝上,每个主蔓两侧

图 6-6　单干双臂 V 形篱架

间隔 15~25 cm 培养 1 个结果枝组。

5.高宽垂T形篱架

高宽垂 T 形篱架的基本骨架为 1 个直立主干（主干高 1.5~1.8 m），2 个主蔓。主蔓布在立柱平面架下的镀锌钢丝上，每个主蔓两侧间隔 15~25 cm 培养 1 个结果枝组。

二　树形培养

当年定植苗发芽后，选留 1 个新梢，立支架垂直牵引，抹除平棚架高度以下的所有副梢，根据不同树形主干高度，待新梢高度距离架面下 20 cm 时摘心，培养主干。从主干顶端摘心口处选择 2 个对生副梢，副梢反向与行向水平（单干双臂 V 形篱架和高宽垂 T 形篱架）或垂直（单干双臂水平棚架）牵引，培养成结果主蔓。H 形架和改良 H 形架的主蔓培养时，从主干上部选留的 2 个一级副梢与行向垂直培养成中心主蔓，中心主蔓长度在 125~150 cm 时摘心，选取摘心口下萌发的 2 个二级副梢，与行向平行牵引，培养成结果主蔓。结果主蔓长度在 90~100 cm 时摘心，同时对叶腋间萌发出的二级副梢全部留 3~4 片叶后摘心。

三 平棚架单干双臂形整形

1.支架构建

平棚架由角柱、边柱和立柱组成。每隔 3.0~4.0 m 立一行立柱,柱距 4.0 m,地面柱高 220~230 cm,柱顶呈一平面。距离地面 190~220 cm 处拉热镀锌钢丝并交错编织成 30 cm×30 cm 平面网格,形成平面网架。

2.树形结构

又称单干 T 形或"一"字形树形。栽植密度为株距 150~200 cm,行距 300~800 cm。南北行向。基本骨架为 1 个直立主干,2 个主蔓。主蔓长度视行距而定,分布在立柱平面架下的镀锌钢丝上,每个主蔓两侧间隔 15~25 cm 培养 1 个结果枝组,每个结果枝组上留 1 个结果母枝。

3.整形

(1)主干培养。当年定植苗发芽后,选留 1 个新梢,立支架垂直牵引,抹除平棚架高度以下的所有副梢,待新梢高度距离平棚架下 20 cm 时摘心,培养主干。

(2)主蔓培养。从主干顶端摘心口处选择 2 个对生副梢,副梢与行向一致,保持不摘心的状态持续生长,直至封行后再摘心,培育成主蔓。主蔓副梢第一次留 6 片叶摘心,以后留 1~2 片叶后反复摘心。

四 棚架 H 形水平形架整形

1.支架构建

平棚架形由角柱、边柱和立柱组成。每隔 3.0~4.0 m 立一行立柱,柱距 4.0m,地面柱高 220~230 cm,柱顶成一平面。距离地面 190~220 cm 处拉热镀锌钢丝交错编织成 30 cm×30 cm 平面网格,形成平面网架。

2.树形结构

H 形树形。栽植密度为株距 200~800 cm,行距 500~600 cm。南北行向。基本骨架为 1 个直立主干,2 个次主干,4 个主蔓。主蔓长度视行距而定,分布在立柱平面架下的镀锌钢丝上,每个主蔓两侧间隔 15~25 cm 培养 1 个结果枝组,每个结果枝组上留 1 个结果母枝。

3.整形

(1)主干培养。定植苗发芽后,选留 1 个新梢,立支架垂直牵引,抹除水平棚架高度以下的所有副梢。待新梢高度超过水平棚架高度时,摘心,培养主干。

(2)次主干培养。主干长到预定高度时摘心,将主干上部选留的 2 个一级副梢沿行向水平牵引培养成中心主蔓, 长度超过 1 m 时摘心到 90~100 cm,选取摘心口下萌发的 2 个二级副梢,与行向垂直牵引,培养成两个水平主蔓。肥水充足时主蔓可保持不摘心的状态持续生长,同时对叶腋间萌发出的三级副梢全部留 3~4 片叶后摘心,以促进花芽分化和主蔓延伸生长。

(3)主蔓培养。主蔓上直接配置结果母枝。主蔓叶腋长出的二级副梢一律留 3~4 片叶后摘心。抹除三级副梢基部萌发的 2~3 个副梢,只留第 1 个芽所发的三级副梢生长, 适时牵引其与主蔓垂直生长, 形成结果母枝。在结果母枝长度为 1 m 左右后留 0.8~1 m 时摘心,摘心后所发四级副梢一律抹除。当年 12 月至次年 2 月上旬前进行冬季修剪,结果母枝一律留 1~2 芽后短截(超短梢修剪)。对成花节位高的品种,则采用长梢与更新枝结合的修剪。即长梢留一个 5~8 芽结果母枝,在其基部超短梢修剪一个母枝作为预备枝。

五 篱架单干双主蔓 V 形整形

1.支架构建

采用双十字 V 形架,单个支架由 1 根支柱、2 个横梁和 3 层 5 根镀锌钢丝构成。支柱高 230~270 cm,其中地下 50 cm,地上 180~220 cm。第一层 1 根镀锌钢丝距地面 80~120 cm,固定在支柱上;第一个横梁距第一层镀锌钢丝 40~50 cm,长度 80~90 cm,第二层 2 根镀锌钢丝固定在第一个横梁的两端;第二个横梁距第二层镀锌钢丝 40~50 cm,长度 160~180 cm,第三层 2 根镀锌钢丝固定在第二个横梁的两端。

2.树形结构

栽植密度为株距 150~200 cm,行距 300~350 cm。行向一般为南北方向,因地块条件也可设成东西方向。基本骨架为 1 个直立主干,2 个方向相反的双主蔓,分布在第一层镀锌钢丝上,形成"T"形单干双主蔓树形,主蔓长度视株距而定,每个主蔓上培养结果枝组,单个结果枝组上留 2~3 个结果母枝。

3.整形

(1)主干培养。栽植当年苗木萌芽后选留 1 个生长健壮的新梢,让其自由垂直沿架面向上生长,培养成主干。

(2)主蔓培养。当主干高度超过第一道镀锌钢丝时摘心,选择 2 个从摘心口下抽生的对生副梢,反向水平牵引,每根副梢隔 6 片叶摘心,其上副梢留 2~3 片叶后摘心,当年初步培育成 2 个主蔓。

▶ 第三节　葡萄省力化修剪

一 冬季修剪

1.修剪时间

冬季修剪一般在落叶后 3~4 周至次年伤流期前 2~3 周。修剪宜早不宜晚,要避开伤流期。弱树修剪越早越好,强旺树可适当推迟修剪。

2.留芽量

每亩地要留的结果母枝数=每亩园要求产量(kg)/每个母枝平均留结果枝数×每果枝平均穗数×每果穗平均重量(kg)

每株母枝数(个)=每亩要留的结果母枝数/每亩株数

每株平均留芽量=计划每亩葡萄产量（kg)/每亩定植株数×结果枝占芽眼的比率×每果枝平均穗数×每果穗平均重量(kg)

由于自然损伤和人为机械损伤可能会损伤部分芽眼,因此单位面积实际剪留的母枝数要比计划的留蔓数多 10%~15%。

3.修剪

结果母枝的修剪,一般根据剪留长度分为极短梢修剪(留 1~2 个芽)、短梢修剪(留 3~4 个芽)、中梢修剪(留 5~7 个芽)、长梢修剪(留 8~11 个芽)、极长梢修剪(留 12 个芽以上)。具体修剪时要根据品种、架式、整形要求和所在部位进行选择性修剪。

4.枝蔓更新

(1)结果部位的更新。

单枝更新:是在一个枝条上同时培养结果枝和预备枝。

双枝更新:就是留预备枝的修剪法,即在结果部位留两个枝蔓,上面

的一个用中长梢修剪作结果母枝,下面的枝蔓用短梢修剪使其抽生两个预备枝。

（2）骨干枝更新。

局部更新（小更新）：主侧蔓趋向衰老,出现光秃现象时,可缩剪到下部的壮旺枝蔓上；衰老和光秃严重时,应利用基部萌发的新蔓或附近的徒长蔓来加以培养,除去原来的衰老蔓,使新培养的枝蔓成为新的主侧蔓。

整体更新（大更新）：枝蔓因受自然灾害或衰老,大部分或全部死亡时,春季从植株基部选数个萌蘖条,加以培养。冬剪时,选择几个枝蔓作为新主蔓,并且按照幼树整形方法,逐年修剪培养成新植株。

二 夏季修剪

1.新梢管理

（1）抹除生长势力强旺的芽。将顶端优势强旺的上位芽的主芽抹除,其副芽生长势力较为缓和,可以平衡生长势力,保证主蔓后部的萌芽能够发育成结果新梢。

（2）抹除高位芽,选留低位芽。当母枝上有多个新梢萌发时,要根据母枝所在位置的空间大小,确定留芽数量后,选留母枝中后部具花穗的新梢,将母枝上部的芽抹除,避免结果部位逐年外移（上移）。

（3）均衡定梢。在开花前2周左右,要进行最后的抹梢和定梢。根据品种的叶片大小设置新梢在架面的密度,"巨峰"系的品种叶片大,一般新梢间距 18~22 cm。株距 2 m、行距 8 m、"T"形棚架整枝园的留梢量每平方米架面 5 个新梢,每亩留梢量 3 200~3 500 个,叶片小、果穗小的品种可适当增加留梢量。浙江嘉兴一些地方开发出了定梢绳,可以避免种植户技术不熟练或留梢过多或密度不均匀现象,保证新梢等距离分布。

2.扭梢

为了防止牵引、绑缚时造成损伤,并改变新梢的生长方向,在新梢基部半木质化后,要进行扭梢处理。具体做法是:用两手的拇指和食指分别捏住新梢基部的第二和第三节,轻轻拧一下,使其受伤,新梢生长方向即变得平缓。扭梢不可过度,受伤太重时,会影响花穗发育,甚至引起落花落果的发生。

3.牵引、绑缚

为了尽量使每一片叶都能接受良好的光照,可通过牵引、绑缚使选留的新梢能均匀地分布在架面,并避免新梢被风吹断。

牵引从生长势力最强的新梢开始,弱的新梢待充分伸长后再行牵引。生长势力弱的树,新梢短、叶片小,应尽量多留一些新梢。生长势力强旺的新梢,应扭梢后再牵引、绑缚。着生方向不好的新梢,直接牵引容易折断,应从新梢中部开始缓缓牵引以逐渐改变方向。

牵引、绑缚时,可结合抹芽疏梢,最后确定留梢量。

4.摘心

(1)结果枝。对"巨峰"系列的四倍体品种,新梢的初期生长旺盛,应在开花前 7~10 d,摘除强旺新梢未展开的嫩叶部分,穗前成叶要有 6~7 片。为了促进结实坐果,开花前 3 d 至开花始期,在穗前留 8~9 片叶后摘心。当然,生长中庸的新梢可以不摘心。对开花前生长较弱、开花后旺盛生长的树,应推迟摘心时期,在盛花期进行主副梢摘心,可促进坐果。这样的树如果在开花前摘心,开花期间副梢会大量发生,造成坐果不足。

对"巨峰"等生长势强旺的品种,为了防止新梢生长过旺,促进结实和果粒膨大,在开花前必须摘心。在新梢长度 30~40 cm 时开始摘心,强旺新梢穗前留 4 片成叶,中庸新梢留 6 片成叶。

(2)副梢。强旺新梢摘心后,会在开花前发出副梢,要及时摘心,以促

进结实和果粒膨大。开花前新梢生长中庸的树,盛花后副梢会长得旺盛,也要及时摘心。新梢最顶部的 1 个副梢可以继续延伸,其后部的副梢留 2~3 片叶后摘心。开花后 10~15 d,再对生长旺盛的副梢留 2~3 片叶后摘心。对自行停止生长的副梢可不摘心。果粒软化前 2 周内副梢的重摘心会使果粒着色推迟。因此,对再发的副梢宜行轻摘心或扭梢使副梢下垂,对副梢过密的部位应等到着色开始后的第二周再疏除。

(3)主枝延长枝。主枝延长枝原则上不能扭梢,应顺势牵引使其不断延伸。但到 8 月上旬至 9 月上旬,要摘心促进充实成熟。特别是脱毒苗木,很容易过旺生长,必须摘心。主枝延长枝上的副梢一律留 2~3 片叶后摘心。摘心后再发的副梢每隔 10~15 d 摘心一次。

第七章 ▷ 葡萄花果精细化管理

▶ 第一节 葡萄花的管理

一 产量调节

通过花序整形、疏花序、疏果粒等方法调节产量。建议鲜食品种成龄园产量:早熟品种控制在每亩 1 000~1 500 kg 为宜,中晚熟品种每亩产量以 1 500~2 000 kg 为宜,加工品种成龄园每亩的产量控制在 1 500 kg以内。

二 合理使用植物生长调节剂

通过化学调控促进果实膨大的技术日趋完善,一部分已在生产中推广利用。目前生产中促进果实膨大的生长调节剂主要有两类:赤霉素类和激动素类。赤霉素类生产中普遍使用的是 GA_3(920),激动素类用得最多的是氯吡脲(CPPU)和赛苯隆(TDZ)。

花前和花期使用不同浓度的 GA_3 可以产生无核,使用浓度 12.5~100 mg/L;花后使用可以促进果粒膨大,使用浓度 GA_3 25~100 mg/L,添加CPPU 或 TDZ 2~10 mg/L。葡萄不同品种对生长调节剂反应差异很大,使用时必须谨慎。

三 疏穗

对生长势力弱、在花期便停止生长的结果枝,其花穗即使保留也不能获得品质良好的果实,应及早疏除。疏穗一般在4~6片叶时进行。一个结果枝一般有2个花穗,原则上要疏除其中的一个。只要发育正常,没有畸形,穗轴粗壮,第一花穗、第二花穗都可选留。

结果枝的花穗选留指标是:强旺结果枝1新梢留2花穗或2新梢留3穗,中庸新梢1新梢留1花穗,弱新梢不留花穗或2~3新梢留1花穗。对"玫瑰露"等小穗型品种,每一新梢可留2花穗。

四 花穗整形

为了获得穗形整齐美观、果粒大小均一的葡萄,需对花穗进行整形。去除多余的花蕾,还可以减少养分的浪费,促进花蕾发育,减少落花落果。

1.有核结实的花穗整形

在开花1周前,首先剪除影响穗形的歧穗;对花穗肩部的1~2个小穗,如果伸长过度,影响穗形,也可以疏除,或将小穗的顶端去除;其他小穗如果有扰乱穗形之嫌的话,则只留基部的小花,顶端部分同样切除。如果花穗伸长不足,小穗过于密齐,可以间疏其中一部分小穗,到开花前7 d左右,选留花穗基部的12~15个小花穗(长9~10 cm,小花数300~350个)。天然无核的"夏黑"等品种,整穗方法与此类似。

2.诱导无核结实的花穗整穗

无核结实大多通过赤霉酸处理获得,葡萄小花对赤霉酸的敏感期非常短,只在开花当天至开花后3 d才能诱导无核结实。葡萄花穗不同部位的小花开花早晚不同,诱导无核结实的处理效果差异会很大,没有开花的小花和开花超过 3 d 的小花,均不能形成无核果粒。因此,其花穗整形也与有核结实有些区别。不同品种类型整穗的方法也不同。

五 花前及花期喷硼

葡萄开花需要大量硼元素,缺硼会降低坐果率,还易形成大小粒果实。为了提高果实的产量和品质,补硼是必要的。对葡萄树体补硼,在生产中以叶面喷施较为实用,可以结合喷药防治病虫害同时进行。在花序分离期喷药时混合 0.2%~0.3%的硼酸或硼砂液和 0.3%~0.5%尿素液效果好。花期喷硼、补硼效果很好,但花期一般不喷药,可于花后喷药时在药液中混入硼肥喷施。

▶ 第二节　葡萄果实管理

一 葡萄保果处理

花期遇到低温或阴雨天气,会影响坐果,在其他综合措施配套的基础上,可采用以下保果技术:盛花末期 3 d 内使用(10~25)×10^{-6}赤霉酸或(1.0~2.5)×10^{-6}CPPU 或两者混合的水溶液浸蘸或喷布花穗。需要注意的是,不同品种对赤霉酸和 CPPU 的敏感性不同,不同发育阶段的敏感性也不同,需要在上述浓度范围内试验后才能大面积使用。

二 葡萄无核处理

无核葡萄食用时无吐籽的不便,深受消费者的欢迎,已经作为国外葡萄生产的常规技术,得到广泛应用。我国葡萄今后的发展方向也将是无核化生产。无核处理效果因气候、树势等而异,以下方法仅供参考,大面

积应用时应先做小面积试验,确定具体葡萄园的效果良好后,再行大面积的推广。"巨峰"系品种常用的处理方法如下:

在花穗所有花都开放后的 4 d 内用赤霉酸（GA_3）$(25\sim50)\times10^{-6}$ 的水溶液浸蘸或喷布花穗,在赤霉酸中添加链霉素（SM）200×10^{-6} 可以延长处理的敏感期,并可提高无核率,在开花前 1 周至开花 3 d 内浸蘸或喷布花穗。

处理的注意事项:园内花穗开花早晚不同,应分批分次进行,特别是用 GA_3 处理时,时间要严格掌握。赤霉酸的重复处理（3~4 d 内）或高浓度处理是穗轴硬化弯曲及果粒膨大不足的主要原因,要注意防止;当然浓度不足时又会使无核率降低,并导致成熟后果粒的脱落。为了预防灰霉病的为害,应将沾在雌蕊柱头上的干枯花冠用软毛刷刷掉后再进行无核处理。

（三）葡萄果实大粒化处理

无核处理后,果实无种子分泌产生的激素的刺激难以膨大,需做膨大处理。在盛花后 10~15 d 用 $GA_3(25\sim50)\times10^{-6}$ 或 CPPU$(3\sim5)\times10^{-6}$ 浸蘸或喷布果穗。浸蘸后要震动果穗使果粒下部黏着的药液掉落,不然会诱发药害。果穗间的发育没有 1 周以上的差别时,可以一次处理,处理尽可能在药液能很快干掉的晴天进行。用 CPPU 处理时,促进果粒膨大的效果更强,切忌再提高浓度,并控制好果穗上的果粒数,不然会使果粒上色推迟或上色不良。

（四）果穗整形

经过花穗的整形,虽然穗形已大体确定,但为了能保持更好的穗形,盛花后 2 周内要进一步对果穗的长度、果粒的稀密程度进行调整,使果穗能成为上下粗细一致、着粒密度均匀的圆柱体,见图7-1。

图 7-1　葡萄精细化管理

1.打小穗尖及疏粒

对果穗基部的小穗,如果形状不好,可疏除;对过大的小穗,可剪掉小穗的顶端,使果穗的上下粗细一致;对无核处理品种,在盛花后的 10~15 d 期间,果粒膨大药剂处理后,可将第一小穗着生处到穗尖的穗轴长控制在 5~6 cm,这样成熟后的果穗易于装箱销售。坐果后能够判断果粒发育好坏时进行第一次疏粒,选留果梗粗壮的果粒,疏除小粒、内向果粒、伤痕果粒,果穗的中部留粒要适当稀疏,而肩部和果尖部适当密些,选留果粒数因品种而异。"巨峰"等大粒系品种,每穗留果 40~50 粒,其他果粒小的品种则可适当多留些。"巨峰"系品种成熟后的果穗重量调整在 400~600 g 较好,留果粒不宜太多,否则不仅影响风味,而且对果粒大小、色泽都会有不良影响。第一次疏粒尽量在盛花后 10~16 d 内基本完成,拖延了不仅影响果粒膨大、果粉形成,而且还会由于果粒增大、粒间紧密无间隙,增加疏除难度,费工费时。

第二次疏粒也即最后疏粒在果粒稍稍紧密时进行,疏除嵌入圆柱形果穗内侧的果粒。果粒着生太紧密或由于第二次疏粒过迟,难以疏除时,可沿穗轴由下至上螺旋状疏除一列果粒以维持穗形。着粒密度适宜的表

现是,在上色软化期,粒间紧密但可以轻微活动。最终的目标着粒数:"先锋""白玫瑰香"等大粒品为35~45粒,小粒品种可适当增加。成熟后的穗重400~600 g即为合适穗重。留粒不宜太多,穗重不宜过高,否则不仅影响大小,而且还会影响风味、上色、果粉的产生。

2.采前疏穗

在盛花后2周后至果粒软化期间,根据新梢生长势力,每一新梢叶面积的多少及果粒膨大、上色状况及时进行果穗的疏除。由于架形、管理等原因,一般叶片不太能够完全合理地充满架面,也即有效叶面积难以达到理想的22 000~25 000 cm²,因此产量控制在每亩1.3~1.5 t是合理的。

果实着色(软化)开始后,疏除叶面积不足、上色不良的果穗,这虽然对留在树上的果穗的上色促进作用不大,但却可以促进糖分的积累。

五 果实套袋

1.套袋时期

第二次落果结束后,及时疏粒。选择晴好天气,全园仔细喷一遍1 000倍使百功+2 000倍的阿维菌素,重点喷施果穗。药液晾干后立即进行套袋,套袋时间应在晴天早晚。见图7-2。

图7-2　葡萄果实套袋

2.套袋操作

套袋前一天将整捆果袋放于潮湿处,使之返潮、柔韧;选定幼穗后,小心地清除附着在幼穗上的杂物;撑开袋口,使果袋和袋底两角的通气放水孔张开,手执袋口下 2~3 cm 处,将果穗套入,套上果穗后使果柄位于袋的开口基部(勿将叶片和枝条装入袋子内),然后从袋口两侧依次按折扇方式折叠袋口,用捆扎丝扎紧袋口(不要将捆扎丝直接缠在果柄上),果穗悬空在果袋中间,防止袋体摩擦果面。套袋时用力方向要始终向上,用力宜轻,尽量不碰触幼穗,袋口也要扎紧,完全暴露在向阳处的果实应不套,以免发生日灼病。

套袋的注意事项。不要在雨后的高温时套袋,防止果实发生日灼病。若遇雨,可雨后等 2~3 d,使果实适应高温环境再喷药套袋。果袋的质量也是至关重要的,应选耐雨、透气、纸质结实的成品袋。套袋可使炭疽病的危害大为减轻,但在果实成熟期若土壤水分供应不均衡而造成裂果,再遇上高温天气,套袋葡萄仍会发生酸腐病,给生产带来损失。

3.摘袋

除黑色品种外,套袋葡萄在采收前 1~2 周需摘袋,以促进浆果着色。一天中适宜除袋时间为上午 9—11 时,下午 3—5 时,要避开中午日光最强的时间,以免果实发生日灼病。摘袋时,应首先撕开袋底通风,过 2~3 d 后除袋。

第八章 葡萄病虫害绿色防控

▶ 第一节 病虫害防控的基本概念

一 病害预防

1.病害预防的措施、手段和方法

（1）在栽种葡萄之前病害的预防措施。选择苗木时，要寻找和使用脱毒苗木；对苗木进行检疫；对种苗、种条进行消毒处理，一般进行两次消毒，即苗木运输前消毒、种植前消毒。

（2）杀菌剂的科学使用。杀菌剂最重要的作用，是降低葡萄园病菌的数量。根据病害的发生规律，在病害的病菌数量增加、病害发生的关键时期使用药剂最有效。

（3）菌源的清理措施。如对葡萄园病残组织的清理，落叶后落叶的处理，修剪下来的枝条的处理等。

2.预防措施

要预防病害，必须了解和掌握重要病害的发生规律和特点、哪些时期是防控关键期，还要掌握这些病害在何种气候条件下发生和迅速发展。这方面，请参阅各种病害发生规律等相关内容。

3.全面预防果园病害

要注意预防田间(葡萄园)所有造成危害的病害,而不是单独考虑某一种病害。

4.预防病害要合理使用农药

预防病害所使用的农药,要根据重要病害的发生规律、田间动态、气候条件,有的放矢、准确使用。

(二)病害控制

1.病害控制的概念

病害控制,一般是指病害已经发生,或病害已经普遍发生,或病害已经严重发生,采取何种方法、措施,把病害压下去,减少病害所造成的损失。从广义上讲,病害的预防、处置等,都属于病害的控制范畴。

2.病害控制的方法

(1)减少菌源。清理病组织(病叶、病枝条、病果、病果穗),减少田间病菌的数量;使用农药,杀灭田间的病原菌;使用杀菌剂,抑制病原菌的生长和繁殖。

(2)杀灭或抑制侵入葡萄植株内的病原菌。使用具有杀灭效果的农药,杀死大部分或部分葡萄上的病原菌。

3.病害种类与病害控制

(1)可以控制的病害。有些病害在发生后可以控制,通过采取防治措施,可以将其为害减到最低,比如葡萄霜霉病等。这些病害是葡萄专性寄生病害,葡萄得病后不会导致植株死亡;当病害不是很严重时,使用适宜的农药,可以防治、控制病害,不会造成很大的损失或能减轻病害造成的损失。

(2)非专性寄生病害。有些病害是非专性寄生的病害,比如葡萄炭疽

病、葡萄白腐病、葡萄灰霉病。这些病害侵入植株后,很快造成植物细胞的死亡,出现症状时,已经被侵染的植株无法治疗,损失已经造成。对于这些病害,只能做到使没有得病的植株不要再得病(或保护没有得病的果实不要再得病)。

(3)潜伏侵染病害。有些病害属于潜伏侵染,就是葡萄得病后没有症状,等到发现后,已经无法预防和控制。如葡萄炭疽病、葡萄灰霉病等,这些病害只能预防,几乎没有控制的方法。

4.病害控制需要的条件

病害控制,一般需要有一定的条件才能实施;如果条件不满足,控制病害的难度非常大,有时即使采取措施也没有效果。病害控制需要的条件:一是一般在病害发生初期,可以采取措施控制病害;二是病害普遍发生,但为害还不严重;三是有防治这种病害的适宜药剂,市场上能买到。

5.病害控制的局限性

从以上的内容可以了解到,病害控制存在巨大的局限性:有些病害能够采取(有些病害不能采取)控制措施来减少或挽回损失,有些病害在初期可以采取措施进行有效防控。因此,关于病害的防治,病害预防是最基本、最重要的方法;至于病害控制,是预防不到位、防控失败、特殊气象条件下的紧急措施。

三 病虫害发生的原因

1.病虫害的来源

害虫的来源被称为虫源,病原微生物的来源被称为侵染源。所谓病虫来源,也就是在葡萄园中发生哪些病害、虫害。来源有两个层次的概念:一是以前没有,后来传播到葡萄园[人为传播、主动传播、随气象因子(如气流)传播];二是在葡萄园已经存在,越冬后病菌或虫口的数量(春季的来源)。有来源(有病虫害存在),是病虫害发生、为害的第一个因素。

2.葡萄园病虫害本身的特性

病虫害本身的特性也就是病原微生物、害虫是怎样生存、发育、繁殖的,即它们的发生规律、生长繁殖特点、为害特点等。葡萄病虫害自身的特征,决定为害葡萄的时期、方式、轻重、潜在的威胁程度等。我们也能从规律和特征中找到控制其的方法。

3.寄主

在葡萄园,葡萄就是寄主。但是,这些病虫害是否还有其他寄主?其他寄主在葡萄园或葡萄园周围是否存在? 寄主的哪些时期(生育期)是病虫害的为害时期? 哪些时期最敏感?

这些情况必须弄清楚、明白,我们可以通过了解寄主,找到病虫害的防控方法。第一,葡萄作为寄主,其对病虫害的抗性是最重要的指标之一。在病虫害严重的地区种植葡萄,必须选择抗性品种。第二,其他寄主也是重要因素。葡萄园周围柏树的存在,为葡萄锈病的发生、发展、为害提供了可能;葡萄园周围的荒山、荒坡、杂草等,为叶蝉、绿盲蝽等提供了越冬场所,可能导致严重危害。第三,寄主的敏感时期(脆弱时期)。如生长前期的黑痘病,生长后期的褐斑病,花期的穗轴褐枯病、绿盲蝽和灰霉病等。在敏感时期,寄主容易受到病虫的攻击、侵染、取食等,必须进行严格防控或喷洒农药防治。

4.气象因子

气象中的温度、湿度、光照、风等各种因子,对病虫害的生存、发育、繁殖、传播等产生影响。有利于病虫害发生的气象因子,是其大发生、严重为害的条件。在有利的气象因子出现的时期采取措施,是防治病虫害的关键。

5.葡萄园环境因子等对病虫害发生的影响

天敌(捕食性、寄生性生物)、竞争性生物等生物因子,影响小气象的因素、土壤条件、水分条件等生态因子,都会对病虫害的发生产生影响。生物因子或生态因子对于某些病虫害是主要限制因子,应尽量考虑或使用生物因子或生态因子预防或防治病虫害。

四 防治病虫害的主要途径、措施和方法

1.控制病虫害的种类和数量

(1)控制病虫害的种类。可以通过检疫、种子(种条、种苗)的消毒,不把本地没有的病虫害带入本地区或本果园,也就是不能增加本地区、本葡萄园病虫害的种类。这种减少病虫害种类的措施,是防治病虫害最基础、最重要、最有效、最经济的方法。

(2)控制病虫害的数量。对于某一地区、某一果园已经发生的病虫害,防治的目的就是控制数量,把病虫害的数量控制在危害水平以下。利用综合措施,包括栽培管理措施、物理与机械防治方法、生物防治方法、化学防治方法,不能让病虫害的数量增加,或把病虫害的数量压下去。从防控时期看,减少和防控越冬病源、关键期采取措施,是控制数量最重要的方式。

2.寄主(葡萄)

可以通过选择合适的品种及架式,科学的水肥管理,健康栽培,创造适宜葡萄健康生长而对病虫害发生和侵入、生长发育、繁殖不利的条件,防治病虫害。一旦选择了某一品种,为了增强抗性,只能通过调整架式、加强栽培措施来提高葡萄的健壮程度。

3.环境条件

(1)创造环境条件。针对某一区域或某一特定果园中的重要病虫害,

创造适宜葡萄生长发育的条件,减少或降低病虫害发生的条件。避雨栽培、套袋栽培、采用特定架式、水肥调节等,都属于创造环境条件的措施。

(2)改善环境条件。针对某种重要病虫害的发生特点,改善环境条件,使之不利于某种病虫害发生。如田间种草、覆草、覆膜栽培,可以减少葡萄白腐病的发生等。

(3)环境条件有利于病虫害发生、繁殖时,要采取其他防控措施进行干预。如雨季或频繁下雨时,需要使用农药控制霜霉病的发生。

五 葡萄病虫害综合防治

1.防治原则

以农业防治和物理防治为基础,提倡生物防治,依照病虫害的发生规律和经济生产的要求,科学应用化学防治技术,有效控制病虫为害。

2.防治方法

(1)农业防治。栽植优质无病毒苗木;通过加强肥水管理、合理控制负载等措施保持健壮树势;合理修剪,改善树体通风透光条件;清除枯枝落叶,刮除老蔓老翘裂皮,深翻土地,剪除病虫果枝、病僵果。

(2)物理防治。根据害虫生物学特性,采取套袋法,或用糖醋液和诱虫灯等诱杀害虫。

(3)生物防治。助迁和保护瓢虫、草蛉、捕食螨等害虫天敌,应用有益微生物及其代谢产物防治病虫害,利用昆虫性别激素诱杀或干扰成虫交配。

(4)化学防治。科学使用农药;加强病虫害的预测预报,有针对性地适时用药,未达到防治指标或益虫与害虫比例合理的情况下不使用农药;根据保护天敌和安全性的要求,合理选择农药种类、施用时间和施用方法;注意不同作用机制农药的交替使用和合理混用,以延缓病菌和害虫

产生抗药性;严格按照规定的浓度、每年使用次数和安全间隔期要求施用,喷药均匀。

第二节　主要病虫害及防控技术

一　主要侵染性病害症状特点及防治要点

1.葡萄黑痘病

(1)症状特点。新梢、叶柄、卷须感病,出现圆形或不规则形褐色小斑,渐呈暗褐色,中部易开裂。幼果感病,初生圆形褐色小斑点,以后病斑中央变成灰白色,稍凹陷,边缘紫褐色,似鸟眼状,后期病斑硬化或龟裂,病果小而变畸形,味酸。

(2)防治要点。因地制宜,选用抗病品种;葡萄展叶前喷布铲除剂;展叶后喷施 1:0.7:(200~240) 倍的波尔多液,80%喷克、78%科博 500 倍液;迅速生长期,喷布内吸性杀菌剂如 50%多菌灵,或 75%百菌清可湿性粉剂、36%甲基硫菌灵悬浮剂。

2.葡萄炭疽病

(1)症状特点。葡萄炭疽病又名晚腐病,初发病果面上产生针头大小的淡褐色斑点或雪花状的斑纹,后呈圆形,深褐色稍凹陷,并排列成同心轮纹状,果粒软腐,易脱落或失水干缩成僵果。

(2)防治要点。结果母枝为该病的初次侵染源,前期喷药一定要重点喷结果母枝,直至结果母枝老熟;萌芽期,对结果母枝喷铲除剂;花前喷施 1:0.7:240 倍的波尔多液;花后喷多菌灵-井冈霉素可湿性粉剂,或 75%百菌清,或 80%炭疽福液,或 50%甲基硫菌灵悬浮剂,直到当年生新梢基部木质化(约在 7 月初)。7 月喷施杀菌力强的药剂,每隔 10~15 d 喷 1 次,也可与保护性药剂如波尔多液,或 30%绿得宝、80%喷克、50%代森锰锌等轮换交替使用。

3.葡萄房枯病

(1)症状特点。房枯病又叫粒枯病、穗枯病。初发病时,先在果梗基部产生淡褐色椭圆形病斑;果粒发病,首先以果蒂为中心形成淡褐色同心轮纹状病斑,果蒂部分因失水而皱缩、变褐、软腐,后果粒干缩成灰褐色的僵果,多呈蓝灰色,病斑表面产生稀疏、黑色小粒点。

(2)防治要点。该病高温多雨的夏季最易流行,及时剪除病果并深埋非常重要。病果、病枝是该病菌的越冬场所,冬季修剪后要及时清园;结合白腐病、炭疽病一同防治。

4.葡萄白粉病

(1)症状特点。叶片产生褪绿斑块,后生白色粉状物,严重时叶片焦枯脱落。幼叶感病后常皱缩、扭曲,且发育缓慢。穗轴感病后组织变脆、易断。幼果感病,果面布满白粉,果粒易枯萎脱落,有的果面出现黑褐色网状花纹。病果停止生长,畸形,果肉质地变硬、味酸,果粒易开裂引起腐烂。

(2)防治要点。加强栽培管理,改善架面通风透光条件;勿偏施氮肥;彻底清扫田园,剪除病枝蔓;白粉病对硫制剂敏感,3°Be 石硫合剂、硫黄胶悬剂、托布津等都是防治该病的理想药剂。

5.葡萄霜霉病

(1)症状特点。葡萄霜霉病主要危害叶片。叶片受害,初期产生半透明、水浸状、黄色至黄褐色不规则形病斑,环境潮湿时,病斑背面产生白色的霉层。

(2)防治要点。选用抗病品种(欧亚种葡萄高度感病,选择品种时应注意);喷药保护,铜制剂是良好的药剂;初侵染时喷施 1:0.7:(200~240)倍的波尔多液;发病后喷布 40%乙磷铝(疫霉灵)、60%琥·乙磷铝可湿性粉剂、

58%甲霜灵·锰锌可湿性粉剂、40%锌霉膦可湿性粉剂。保护剂和杀菌剂交替使用。

6.葡萄酸腐病

（1）症状特点。酸腐病主要危害近成熟期的葡萄果实。发病后果实腐烂，腐烂的果实中能看到灰白色的蛆，病果后来干缩，只剩下果皮和种子。果实成熟期产生伤口是发病的主因。土壤水分的急剧变化，旱涝不均，病、虫、蜂、鸟危害，冰雹、果粒过紧造成裂果及果实伤口，加之高湿的气候条件，常导致葡萄酸腐病的大规模发生。

（2）防治要点。防治葡萄酸腐病，首先要避免成熟期的果实开裂、出现伤口，一切可避免出现裂果、果实伤口的措施对防治酸腐病都是有利的，如增施有机肥、减少氮肥用量、及时排灌、架面通风透光、防止鸟害、防治其他病害发生、防冰雹等措施。果实成熟前后施用必备混合杀虫剂是目前防治酸腐病的化学防治方法。使用药剂方式为：果实成熟前喷80%必备600倍液+40%辛硫磷1 000倍液，成熟后喷80%必备600倍液+4.5%高效氯氰菊酯1 000倍液。

7.葡萄灰霉病

（1）症状特点。灰霉病主要危害花、成熟果实。如果冬季雨雪较多，再加上春季雨水较多，在早春也会危害幼芽、幼叶和新梢。早春幼嫩组织受灰霉病侵染后，表皮出现褐色病斑，最后干枯。花序感病后，造成腐烂或干枯。至夏末，在气候干燥时，导致果穗萎蔫（有时脱落）；气候湿润时，果穗产生霉层，导致整个果穗腐烂。果实成熟期，病菌可通过皮孔、伤口侵入果实。如果气候干燥，感病果粒干枯；如果气候湿润，会出现裂果，并且在果实表面产生灰色霉层。灰霉病的病原菌多在树皮和休眠芽上越冬，侵染的适宜温度为15~20 ℃，高湿的环境条件有利于病原菌的繁殖。病原菌可通过果实表皮直接入侵，有伤口或已发生裂果及受白粉病、虫害、鸟害、冰雹危害等的果实容易感染灰霉病。

（2）防治要点。提高葡萄架面的通透性，减少液体肥料的喷淋，对防治灰霉病有效。

保护性杀菌剂有：50%保倍福美双 WP 1 500 倍液，80%福美双 WG 1 000~1 200 倍液，50%乙烯菌核利 WP 或 WG 500 倍液，50%腐霉利 WP 600 倍液，50%异菌脲 WP 500~600 倍液，25%异菌脲 SC 300 倍液。内吸性杀菌剂有：70%甲基硫菌灵 WP 800 倍液，50%多菌灵 WP 500~600 倍液，97%抑霉唑 4 000~5 000 倍液，或 22.2%抑霉唑 EC 800~1 200 倍液，40%嘧霉胺 800~1 000 倍液，10%多抗霉素 WP 600 倍液或 3%多抗霉素 WP 200 倍液，50%乙霉威–多菌灵 600~800 倍液，50%啶酰菌胺 1 500 倍液。

8.葡萄溃疡病

（1）症状特点。葡萄溃疡病主要为害枝蔓，引起树势减弱甚至死亡，也可为害果实和叶片。为害果实，造成果实腐烂及果粒脱落；为害穗轴，穗轴上出现黑褐色病斑，造成果梗干枯及果实腐烂或脱落，或由于果梗干枯造成果实不脱落但逐渐干缩；在枝蔓上，当年生枝条出现灰白色梭形病斑，病斑上着生黑色小点，或在枝蔓上出现红褐色病斑。

（2）防治要点。减少病原菌的数量，对修剪下来的枝蔓和发病组织等残体进行处理。加强栽培管理，保证合理的负载量、健康中庸的树势等非常重要。控制产量、合理肥水等。冬季修剪时，在修剪口涂药或修剪结束时整园喷洒药剂。在果穗大量出现伤口时，对果穗进行处理等。在花前花后，使用 2~3 次 50%保倍福美双，在防治霜霉病、灰霉病、白粉病等主要病害的同时，降低座腔菌的菌势。对于修剪时期比较干燥的地区，修剪后喷洒 5°Be 的石硫合剂；对于修剪时期比较湿润的地区，修剪后使用 50%福美双 500 倍液或 80%福美双 800 倍液或 70%百菌清 600 倍液。在果穗整形后或转色期之后，可以使用 3%汇葡 5 000 倍液处理果穗。

二 主要生理性病害症状特点及防治要点

1.葡萄生理裂果病

（1）症状特点。果实接近成熟时(转色期)，从果梗至果顶的果皮与果肉纵向开裂，易霉烂变质，招苍蝇、胡蜂等昆虫。

（2）发病病因。主要是土壤水分失调，果穗过于紧密。

（3）发病条件。灌溉条件差、地势低洼、排水不良、土壤黏重、品种的因素等。

（4）防治要点。疏花疏果：果粒紧密的品种，要适当疏花疏果。增施有机肥料，改良土壤结构，增强土壤保水力，减少土壤水分含量的波动。及时排灌，旱季适时灌水，雨季及时排水，使土壤维持一定的含水量。

2.葡萄日灼病

（1）症状特点。受害初在果面上出现豆粒大小淡褐色的病斑、凹陷，渐成椭圆形干疤，硬核期易发生。

（2）发病病因。果实局部温度过高，水分失调，或叶片与果实争夺水分，果粒局部失水，再受高温灼伤所致。

（3）发病条件。品种差异，薄皮品种发病较重；栽培条件，架式、地下水位、排水、氮肥、叶面积、蒸腾作用等也可能是发病因素。

（4）防治要点。多留叶片，防止果穗受暴晒；及时套袋，避免日烧；加强排水，低洼果园注意雨后排水，降低地下水位；增施有机肥，防止因多施氮肥导致叶面过大而增强蒸腾作用。

3.葡萄落花落果

（1）症状特点。开花前 1 周花蕾脱落和开花后子房脱落为落花落果，其落花落果率在 80% 以上者，称为落花落果病。

（2）发病病因。花蕾由于受外界条件的影响不能受精，或花蕾生长发育缺乏养分,如缺硼,从而造成花蕾或幼果的大量脱落。

（3）防治要点。对落花落果严重的品种如"巨峰"等可在花前 3~5 d 摘心,以控制营养生长,促进生殖生长。对生长势过旺的品种要注意轻剪长放,削弱营养生长,缓和树势。花前和花后必须进行追肥和灌溉,多施磷钾肥,控制氮肥施用。开花前喷 B9 或矮壮素等生长调节剂,可抑制营养生长,改善花期营养状况。花前喷 0.05%~0.1%的硼砂,或离树干 30~50 cm 处撒施硼砂,施后灌水。

4.葡萄水罐子病

（1）症状特点。该病又叫水红粒病、转色病。在果穗上,近成熟着色后开始,有色品种着色不正常,色浅发暗,无色品种果实呈水泡状。含糖量显著降低,味酸,皮肉极易分离,成为一包酸水,用手轻捏,水滴成串溢出,故有"水罐子"之称,病果极易脱落。

（2）发病病因。主要是营养失调,或营养不足。

（3）发病条件。树势衰弱、摘心重、负载量过多、肥料不足和有效叶面积小时,发病重。地下水位高或成熟期遇雨,高湿,高温,养分难转化。

（4）防治要点。加强土、肥、水管理:增施有机肥料和磷钾肥;及时锄草、松土;保证排灌通畅,旱能灌,涝能排 。控制负载量:保持合理负载,增加叶片数,减少再次果。少留或不留副穗。合理修剪:处理好主副梢之间的关系。主梢副梢多留叶片,"一枝留一穗"。

三　葡萄常见缺素症及防治方法

1.葡萄缺钾症

（1）表现症状。果实变小,着色不好,熟前落果严重,产量和品质降低。尤其生长季节至果实成熟期,枝条中部有的叶片开始出现扭曲,以后叶缘和叶脉间缺绿变干,并逐渐发黄,由边缘向中间焦枯。叶片质脆易

脱落。

(2)防治方法。增施钾肥,可在生长期根外喷施钾肥,一般自7月起,每隔半个月左右喷1次0.3%的磷酸二氢钾,直至8月中旬,共喷3~4次。根外喷3%草木灰浸出液或0.2%~0.3%的氯化钾,对减轻缺钾症均有良好的效果。适量留果,保证树体合理负载。适当控制氮肥。氮肥过多会抵消植株对钾的吸收和利用。

2.葡萄缺硼症

(1)表现症状。幼叶出现油浸状黄白斑,中脉木栓化、变褐,老叶黄化、向后弯曲。开花时,花冠不脱落或落花严重,结实不良,出现豆粒小果,干旱年份特别是花期前后的干旱年份缺硼症状明显。

(2)防治方法。缺硼可进行土施硼砂,结合施有机肥每亩施0.1~0.75 kg硼砂;花期喷0.3%的硼砂溶液。

3.葡萄缺锰病

(1)表现症状。叶片沿主脉从边缘开始失绿,以后逐渐扩展到侧脉。病症首先在完全展开的叶片上发生,以后蔓延至全树。果实的色泽和品质均差,有时出现裂皮。

(2)防治方法。用0.1%~0.2%的硫酸锰溶液进行叶面喷施,为了防止药害,可加入0.5%的生石灰制成混合液喷雾;也可结合基肥每亩施用1~1.35 kg硫酸锰。

4.葡萄缺铁病

(1)表现症状。主要表现为幼叶叶脉间失绿黄化,除叶脉绿色外,叶片全面黄化,脉间依缺铁程度不同而呈淡绿、黄、淡黄或白色。因为铁在植物体内移动性小,新叶失绿,而老叶仍保持绿色;所以缺铁严重时,新梢顶叶脱落,老叶仍为绿色。碱性土壤和黏重土壤缺铁症状较重。

(2)防治方法。缺铁可喷0.3%的硫酸亚铁,氨基酸铁更易于叶片吸收。

5.葡萄缺锌病

（1）表现症状。枝条下部叶片常有斑驳或黄化部分,新梢顶端叶片狭小失绿;枝条纤细,节间短,容易形成大量的无籽小果。特别是欧洲葡萄对缺锌敏感。

（2）防治方法。改良土壤结构,增施有机肥料。勿重茬,勿灌水频繁,勿伤根系过多,勿修剪太重。花期或花后半个月左右喷 0.1%~0.3%硫酸锌,促进坐果,提高产量和含糖量,促早成熟。

四 主要虫害及防控技术

1.葡萄绿盲蝽

（1）为害症状。以若虫和成虫刺吸为害嫩叶和花序。幼叶受害,被害处形成红褐色、针头大小的坏死点。随叶片的伸展长大,以小点为中心,形成圆形或不规则的孔洞。

（2）发生规律。每年发生 4~5 代,以卵在园边蓖麻残茬内或附近苹果、海棠、桃树等果树的断枝上越冬。以成虫或若虫为害葡萄嫩芽、幼叶,随着芽的生长,为害逐渐加重。10 月上旬产卵越冬。

（3）防治方法。经常清除园内外杂草,消灭虫源。葡萄展叶后,发现若虫为害,要立即喷药防治。

2.葡萄叶蝉

（1）为害症状。叶片被害后,出现失绿小白点。严重时,全叶失绿苍白,造成早期落叶,影响植株的生长发育。

（2）发生规律。每年发生 3 代,以成虫在葡萄园附近的落叶、杂草、石缝中越冬。5 月下旬出现若虫,6 月上中旬发生 1 代成虫。8 月中旬和 9—10 月间分别为 2 代和 3 代成虫盛发期,葡萄整个生长季节都受害。

（3）防治方法。秋后要彻底清扫园内落叶和杂草,减少越冬虫源。加强

田间管理,使架面通风透光良好。5月下旬至6月中旬是若虫发生期,连喷2遍敌杀死或速灭杀丁2 000倍液。

3.葡萄斑衣蜡蝉

(1)为害症状。以若虫、成虫刺吸葡萄枝蔓、叶片的汁液。叶片被害后出现淡黄色斑点;枝蔓被害后,枝条变黑。其排泄物落于枝叶和果实上后,易引起霉菌寄生而致枝叶、果实变黑。

(2)发生规律。每年发生1代,以卵块在寄主树干及枝蔓分叉的隐蔽处越冬。翌年5月中下旬孵化为若虫,6月中旬至7月下旬羽化为成虫。

(3)防治方法。结合冬季修剪和果园管理,刮去蔓上的越冬卵块。生长期发生严重时,喷90%敌百虫1 500倍液。

4.葡萄透翅蛾

(1)为害症状。以幼虫蛀食一年生枝蔓,被害部位膨大,内部形成较长的孔道,使叶片枯黄脱落。蛀孔的周围有堆积的虫粪。

(2)发生规律。每年发生1代,以幼虫在葡萄蔓内越冬。6月上旬至7月上旬羽化为成虫,成虫将卵产在叶腋、芽的缝隙、叶片及嫩梢上。刚孵化的幼虫,由新梢叶柄基部蛀入嫩茎内,为害髓部。7—8月间幼虫为害最重,9—10月间幼虫老熟越冬。

(3)防治方法。冬季修剪时,将被害枝条剪掉烧毁,消灭越冬虫源。6—7月间经常检查嫩枝,发现被害枝应及时剪掉。冬季修剪时,将受害变黑的枝蔓剪除烧毁,消灭越冬幼虫。成虫发生期,捕杀成虫。对生长期出现的枯萎新梢,在折断处附近捕杀幼虫。在成虫盛发期喷布50%杀螟松乳油1 000倍液或20%杀灭菊酯3 000倍液,或用棉花蘸药堵塞虫孔。成虫产卵期喷500倍的90%敌百虫。

5.白斑金龟子

(1)为害症状。白斑金龟子又称白星潜花金龟蝉。成虫常群集为害成熟的葡萄果实,把果实食成"空壳",也为害副梢的花序,对生产有一定的影响。

(2)发生规律。每年发生1代,以中龄或近老熟幼虫越冬,具较强的趋光性和趋化性。

(3)防治方法。消灭粪肥中的幼虫和蛹。用果醋、烂果诱杀。取小口瓶,内装烂果和果醋,并加入0.2%~0.3%有效成分为90%的敌百虫,悬挂于葡萄架上可诱杀成虫。人工捕杀。成虫聚集为害时,药剂防治。成虫发生期喷90%敌百虫1 500倍液。

6.介壳虫

(1)为害症状。以雌成虫、若虫附着在葡萄枝干、叶片和果实上,刺吸汁液,排出大量黏液,招致霉菌寄生,呈煤污状,影响叶片光合作用。枝条受害严重时会枯死;果面受污染,产量和品质下降。

(2)发生规律。每年发生2代,以2龄若虫在枝蔓的裂缝、叶痕处或枝条的阴面越冬。翌年春,随着气温升高,越冬若虫开始活动,爬至一至二年生枝条或叶上为害。4月上旬虫体开始膨大并蜕皮变为成虫,4月下旬雌虫体背膨大并硬化,5月上旬产卵于介壳内,5月中旬为产卵盛期,通常为孤雌生殖,6月上旬为孵化盛期,若虫出壳爬到叶片背面附着,少数寄生于叶柄。第2代若虫8月孵化,8月中旬为孵化盛期,9月份蜕皮为2龄若虫后转移到枝蔓越冬。

(3)防治方法。冬季清园,清除枝蔓上的老翘皮,刮除介壳虫。4月中旬越冬若虫膨大期、6月上旬第1代若虫孵化出壳盛期喷药防治。严重发生时,6月下旬加喷1次药。有效药剂有10%吡虫啉2 000倍液等。

7.葡萄瘿螨

（1）为害症状。仅在葡萄上为害，属专性寄生。葡萄瘿螨主要为害葡萄叶部，发生严重时，也为害嫩梢、幼果、卷须、花梗等。以小叶和新展叶片受害严重。最初叶背出现许多不规则的白色病斑，逐渐扩大，叶表隆起呈泡状，叶背凹陷处密生一层很厚的白色茸毛，似毛毡，故称毛毡病。茸毛初为白色，后渐变为茶褐色，病斑边缘常被较大的叶脉限制而呈不规则形。受害严重时，病叶皱缩、变硬、凹凸不平，甚至干枯破裂，致叶片早期脱落，严重影响葡萄的营养积累，使树体衰弱。花梗、嫩果、嫩茎、卷须受害后其上面也产生茸毛，枝蔓受害，常肿胀成瘤状，表皮龟裂。

（2）发生规律。一年发生多代，有世代重叠现象。以孤雌生殖为主，也进行两性生殖。以成螨越冬，越冬场所主要集中在葡萄芽苞鳞片内，尤其是一年生枝条上的芽苞鳞片内越冬虫口最多，其次是树皮裂缝、土缝中。春季葡萄发芽后，瘿螨由芽内爬出，迁移至嫩叶背面刺吸汁液，叶背受害处由于虫体分泌物的刺激而下陷，并产生毛毡状茸毛，以保护虫体进行为害。雌螨将卵产于茸毛间，若螨和成螨均在毛斑内取食活动。由于葡萄瘿螨喜食嫩叶，因此随着新梢生长，虫害由下逐渐向上蔓延。每年春、秋为害严重，夏季高温多雨对其发育不利，虫口有下降趋势，落叶前瘿螨开始进入越冬场所准备越冬。

（3）防治方法。防止随苗木传播。插条能传播瘿螨，因此，从有瘿螨地区引入苗木，在定植前，必须用温汤消毒，即把插条或苗木先放入 30~40 ℃温水中浸 5~7 min，再移入 50 ℃温水中浸 5~7 min，可杀死潜伏的瘿螨。清洁葡萄园。在葡萄生长季节，若发现有被害叶时，应立即摘掉烧毁或深埋，以免继续蔓延。冬季将修剪下的枝条、落叶、翘皮等收集后带出园并加以处理。早春葡萄叶膨大吐茸时，喷 3~5°Be 石硫合剂（加 0.3%洗衣粉），这个时段是防治关键期，喷药一定要细致均匀。若历年发生严重，在葡萄发芽后喷 0.3~0.5°Be 石硫合剂。在葡萄瘿螨发生高峰期使用杀螨剂阿维菌素、5%唑螨酯、联苯菊酯、噻螨酮等。

8.葡萄短须螨

（1）为害症状。葡萄短须螨又称葡萄红蜘蛛。以成螨、若螨为害新梢、叶柄、叶片、果梗、穗梗及果实。新梢基部受害时，表皮产生褐色颗粒状突起。叶柄被害状与新梢相同。叶片被害，叶脉两侧出现褐锈斑，严重时叶片失绿变黄，枯焦脱落。果梗、穗轴被害后由褐色变成黑色，组织变脆，极易折断。果粒前期被害后，果面出现浅褐色锈斑，果皮粗糙硬化，有时从果蒂向下纵裂。果粒后期受害时影响果实着色，且果实含糖量明显降低，酸度增高，严重影响葡萄的产量和质量。

（2）发生规律。一年发生多代，以雌成螨在枝蔓翘皮下、根茎处以及松散的芽鳞茸毛内等荫蔽环境群集越冬。翌年春天葡萄萌芽时，越冬一代雌螨出蛰，为害刚展叶的嫩芽，半个月左右开始产卵。以幼螨、若螨和成螨为害嫩芽基部、叶柄、叶片、穗柄、果柄和果实。随着新梢长大，虫害不断向上蔓延。每年 7—8 月达到为害盛期。10 月底开始转移到叶柄基部和叶腋间，11 月中旬全部越冬。

（3）防治方法。清洁田园：入冬前或春天葡萄出土上架后，刮除老翘皮，集中烧毁，消灭越冬雌成虫；从外地引进苗木，在定植前必须用 3°Be 石硫合剂浸泡 3~5 min，晾干后再定植；若历年发生严重，在葡萄发芽后喷 0.3~0.5°Be 石硫合剂。在葡萄瘿螨发生高峰期使用杀螨剂阿维菌素、5%唑螨酯、联苯菊酯、噻螨酮、机油乳剂等。

五 葡萄生产主要病虫害防治推荐农药使用方案

葡萄生产主要病虫害防治推荐农药使用方案参见表 8-1。

表 8-1 葡萄生产主要病虫害防治推荐农药使用方案

防治对象	防治时期	农药名称	使用剂量	施药方法	安全间隔期/d
葡萄黑痘病	绒球期	石硫合剂	3~5°Be	喷雾	7
	萌芽至幼果期	30%戊唑·多菌灵悬浮剂	800 倍液	喷雾	10
		80%波尔多液可湿性粉剂	800 倍液	喷雾	15
葡萄穗轴褐枯病	绒球期	石硫合剂	3~5°Be	喷雾	7
	花序分离期至开花前	40%嘧霉胺可湿性粉剂	1 000 倍液	喷雾	7
		50%腐霉利可湿性粉剂	1 000 倍液	喷雾	5~7
葡萄灰霉病	绒球期	石硫合剂	3~5°Be	喷雾	7
	花期、转色期	40%嘧霉胺悬浮剂	1 000 倍液	喷雾	7
		50%腐霉利可湿性粉剂	1 000 倍液	喷雾	5~7
		80%代森锰锌可湿性粉剂	800 倍液	喷雾	15
葡萄白粉病	绒球期	石硫合剂	3~5°Be	喷雾	7
	小幼果期	20%三唑酮乳油	1 500 倍液	喷雾	20
		30%醚菌酯悬浮剂	600 倍液	喷雾	5
葡萄霜霉病	绒球期	石硫合剂	3~5°Be	喷雾	7
	生长季	80%霜脲氰可湿性粉剂	3 000 倍液	喷雾	15
		50%烯酰吗啉可湿性粉剂	2 000 倍液	喷雾	3
		25%吡唑醚菌酯乳油	2 000 倍液	喷雾	10
葡萄炭疽病	绒球期	石硫合剂	3~5°Be	喷雾	7
	果实成熟期	35%丙环唑·多菌灵悬浮剂	2 000 倍液	喷雾	7
		60%噻菌灵可湿性粉剂	1 500 倍液	喷雾	10
叶蝉	若虫期	4.5%高效氯氰菊酯乳油	1 500 倍液	喷雾	7
		10%吡虫啉可湿性粉剂	2500 倍液	喷雾	7
绿盲蝽	虫害发生初期	1%苦皮藤素水乳剂	1 000 倍液	喷雾	7
		10%吡虫啉可湿性粉剂	3 000 倍液	喷雾	7
蚜虫	蚜虫发生初期	25%吡蚜酮可湿性粉剂	3 000 倍液	喷雾	7
		2.5%啶虫脒可湿性粉剂	2 000 倍液	喷雾	14
金龟子	成虫或幼虫	35%辛硫磷乳油	100 倍液	诱杀	7
葡萄透翅蛾	羽化盛花期	10%虫螨腈悬浮剂	1 500 倍液	喷雾	15
		25%灭幼脲水剂	2 000 倍液	喷雾	15
红蜘蛛	发生初期	34%螺螨酯悬浮剂	4 000 倍液	喷雾	30

注:农药使用以最新版本 NY/T 393 的规定为准。

（六）葡萄病虫害综合防治技术

1.休眠期（1—3月）

（1）清除枯枝落叶。

（2）结合冬剪，剪除病虫枝梢、病僵果，刮老蔓粗翘皮，深翻园土，集中进行无害化处理。

（3）葡萄芽萌动时，全园喷施 3~5°Be 石硫合剂。

2.萌芽至开花前（4—5月上旬）

（1）重点防治黑痘病、灰霉病、穗轴褐枯病、绿盲蝽、叶蝉、金龟子等。

（2）花前喷 1:0.7:（200~240）倍的波尔多液，预防黑痘病、灰霉病、穗轴褐枯病。花期喷施 40% 嘧霉胺悬浮剂 1 000 倍液防治灰霉病、穗轴褐枯病。

（3）人工捕杀，结合将杨树枝扎成把诱杀等方法防治金龟子。葡萄展叶期喷施 1.5% 苦参碱可溶液剂 3 000~4 000 倍液防治绿盲蝽、叶蝉。

3.花后至幼果期（5月中旬至6月上旬）

（1）重点防治黑痘病、白粉病、穗轴褐枯病等。

（2）喷施 75% 百菌清可湿性粉剂 600~800 倍液，或 40% 多菌灵·福美双可湿性粉剂 400~600 倍液，连喷 1~2 次，或者与 1:0.7:（200~240）倍的波尔多液交替使用。

4.幼果期（6月）

（1）重点防治黑痘病、炭疽病、房枯病、白腐病。

（2）喷施内吸性杀菌剂，如 36% 甲基硫菌灵悬浮剂 800 倍液，每隔 10~15 d 喷 1 次，也可与保护性药剂 1:0.7:（200~240）倍的波尔多液交替使用。如有叶蝉为害，可在第 1 代若虫发生期喷洒安全高效的杀蚜剂。

5.浆果成熟期(7—9月)

(1)重点防治炭疽病、灰霉病、白腐病、霜霉病。

(2)喷施 70%甲基硫菌灵超微可湿性粉剂 1 000 倍液,间隔 10~15 d 喷 1 次,也可与保护性药剂 1:0.7:(200~240)倍的波尔多液交替使用。采果前 30 d 禁用化学农药。

6.果实采后期(10—12月)

(1)重点防治霜霉病和叶蝉。

(2)果实采收后,全园喷施 2 次 1:0.7:(200~240)倍的波尔多液,间隔期为 15~20 d。园区发现叶蝉,可喷施等量式 200 倍波尔多液与安全高效的杀蚜剂。

(3)落叶后,清扫落叶,清除病虫果,集中进行无害化处理。

第九章 葡萄抗灾减灾技术

▶ 第一节 葡萄药害与肥害的防治技术

一 药害

葡萄药害指因误用农药或农药用量过大而对葡萄造成的伤害。药害常因不经称量或计算错误而造成用药浓度过高,或多种药混合不当发生化学反应,或加入的增效助剂不当,或喷施有熏蒸作用的药剂而发生。在高温不通风情况下伤害更重。

1.葡萄药害的类型、症状

(1)急性药害。指在施药后几小时或几天内很快就出现药害症状。其特点是发生快,症状明显,肉眼可见。一般表现为叶片上出现斑点、枯焦、穿孔或失绿、黄化、畸形、变厚、卷曲甚至枯萎、脱落等症状;果实上出现斑点、畸形、变小、落果等症状;花出现枯焦、落花、变色、腐烂、落蕾等症状;植株生长迟缓、矮化、茎秆扭曲,甚至全株枯死。

(2)慢性药害。指在用药后并不很快出现症状的药害。其特点是发生缓慢,有的症状不明显,短时间内不易判断。多在长时间内表现出生长慢、发育不良、开花结果延迟、落果增多、产量降低、品质变劣等症状。

(3)残留药害。在田间喷药时,有一半以上的农药落在地面上;土施时

药剂基本上都留在土壤里。这些农药有的分解较慢,在土壤中积累到一定程度,就会影响作物生长。其症状与慢性药害类似。

2.葡萄药害产生的原因

(1)药剂的剂型及特性。药剂的理化性质与葡萄药害的关系最大。一般情况下,水溶性强、分子小的无机药剂最易产生药害,如铜制剂、硫制剂;水溶性弱的药剂则比较安全;植物药剂和微生物药剂对葡萄最安全。农药的不同剂型引起药害的程度也不同,油剂、乳化剂比较容易产生药害,可湿性粉剂次之,乳粉及颗粒剂则相对安全。另外,葡萄谢花后25 d内对敌百虫、敌敌畏很敏感,有时这些农药可用作疏果剂。灭生性的草甘膦喷到葡萄的绿色部分,也会发生药害。

(2)葡萄对药剂的敏感性。葡萄一般在萌芽期、幼苗期、展叶期、花期、幼果期对药剂比较敏感,特别是花期。葡萄的生理状态不同,耐药力也不同。葡萄在休眠期耐药力强,而在生长期耐药力弱。

(3)药剂的施用方法。用药浓度过高,药剂溶化不好,混用不合理,喷药时期不当等,均易发生药害。由于病虫害产生抗药性,导致用药浓度越来越高,或误配浓度过高,也会导致药害。雾滴过大、喷粉不均匀时会造成局部药害。有些农药不能混用,混用后不但失效,有的还会产生药害。如波尔多液与石硫合剂、退菌特等混用或使用间隔少于20 d,就会产生药害。药剂混配后浓度叠加效应使药害更易发生,应适当降低浓度。

(4)环境条件。环境条件中以温度、湿度、光照影响最大。高温强光时易发生药害,因为高温能加强药剂的化学活性和代谢作用,有利于药液侵入植物组织而易引起药害。如石硫合剂,温度越高,药效越好,但药害发生的可能性就越大。如喷施波尔多液后,药液未干即遇降雨,或叶片上露水未干时喷药,会使叶面上可溶性铜的含量骤然增加,易致叶片被灼伤;喷施后经过一段时间,遇到台风时,也会使叶面上可溶性铜含量增加,使叶片焦枯,发生"风雨药害"。在有风的天气喷洒除草剂易发生"飘移药害"。

3.补救性治疗

(1)暂停用药。在药害尚未解除之前,尽量减少化学用药,尤其是同类农药,以免加重药害。

(2)淋洗稀释。用清水喷洒受害果,将树体表面的药物冲刷淋洗掉,要反复喷清水。同时浇足水,以增加植物细胞的水分,从而降低植物体内药物的相对含量,可对药害起到缓解作用。如土壤处理用错药剂,要及时灌溉排水,以洗去土壤中的残留农药。在防治天牛等枝干性害虫引起的药害时,要立即向树干上虫孔处注入大量清水,并使其流出来,以稀释农药。

(3)喷施中和缓解药物。针对药物性质,用水冲洗后喷施与其性质相反的药物,进行中和缓解。如药物为酸性,可喷施碱性药物中和;反之,碱性药物可用酸性药物中和化解。也可喷某些特性药物缓解补救。硫酸铜类药害应使用0.5%的生石灰水来缓解。喷施缓解药物一定要适量,以免浓度过大而加重药害。

(4)加强管理。葡萄发生药害后,结合浇水,适当追施氮、磷、钾肥,然后中耕松土,促进根系发育,增强其恢复能力。还要及时适量修剪,去掉枯死部分,防止其蔓延或受病菌侵染而引起病害。按照葡萄的不同生育期喷施叶面宝、爱多、爱农、氨基酸复合肥、细胞分裂素以及0.3%的尿素等,在一程度上可缓解药害。

4.药害的预防

(1)根据植物对农药的敏感性及防治对象的耐药性,结合农药的性质选择用药。尽量选有机农药、微生物农药和植物农药。果园首次使用新农药时,应先做小面积试验。

(2)要严格掌握用药浓度、用药时期及用药技术,避免在敏感期内用

药。严禁花期用药。同一种农药,在土施、涂抹、喷施、树干注射时的浓度差别很大,一定要选择正确,以免造成药害。

（3）合理科学用药。混用农药,要严格按规定选配并在安全间隔期后使用,还应注意农药混配后的浓度叠加效应。

（4）在不适宜施药的环境下,坚决不能进行施药。如应避开台风、高温、高湿、阴雨天气等。

二 肥害

1.葡萄肥害产生原因及症状

（1）有机肥肥害。有机肥未腐熟施用或者施入比较集中,未与土掺匀,易发生肥害。

（2）根外追肥发生的肥害。根外追肥时肥液浓度过高（如尿素超过0.5%）,在中午前后高温下喷施,易造成叶片焦灼,干枯脱落。

（3）氨气所致肥害。施用易挥发的化肥如氨水、碳铵等未及时盖土和浇水,其蒸发的氨气常常灼伤葡萄芽或叶片导致肥害。施用氨水浓度超过1%,葡萄即不同程度受害,浓度越高危害越大,施用时气温越高受害越重。

（4）含氯肥料危害葡萄。葡萄对氯离子敏感,将含有大量氯离子的氯化铁、氯化钾以及以它们为基础配成的复合肥在葡萄上施用量过大就会产生肥害,轻的抑制生长,重的造成死根、落叶、枯芽,甚至死树。

2.肥害的预防

（1）采取调制细粪、粪土拌匀、均匀撒施、随水施入的办法。根据各种肥料在土壤中的移动性不同,选择追肥深度。一般氮肥在土壤中易移动,适合浅施,即可渗透到根系分布层内,易被葡萄吸收利用;钾肥移动性差,磷肥更差,一般磷钾肥宜深施,集中施在根系分布层内,才有利于根系吸收;对于迟效性或发挥肥效缓慢的复合肥,要早施深施。

(2)选好肥料。开花前和盛花期,喷施适量的氮素,有利于开花、枝梢生长和提高坐果率;果期喷施氮素,可增大叶面积,利于果实膨大;果实膨大期到采收期,多次喷用氮、磷、钾素可促使果实膨大,提高果实品质。注意喷施浓度,一般在 0.1%~0.3%。

(3)过多过量地偏施氮肥易造成肥害,要切实掌握好各种肥料的施用量。根据"以树定量,看势下肥,树龄有别"的原则来确定。采用氮、磷、钾配量施,施肥宜在树冠外围东、西、南、北四面或八面环状沟施,条沟施和全园撒施,并注意随水施入。

▶ 第二节　葡萄日灼的防治技术

一　葡萄日灼的种类、症状及发生原因

依日灼发生的轻重程度,将症状分成 7 个等级,0 级即完全无日灼,1~4 级为程度不同的褐变型日灼伤,5 级则为坏死型日灼伤,6 级为白化型日灼伤。依症状不同,把日灼分为坏死型、褐变型、白化型 3 种类型。

1.褐变型日灼伤

褐变型日灼伤是果面经强烈的太阳光辐射后出现的黄、褐或棕色斑块。病变部位仅有色泽变化而非细胞坏死。轻度日灼病的果实,叶绿素 A 含量、叶绿素 B 含量、花青素的积累速度降低,黄色更为明显。

2.坏死型日灼伤

坏死型日灼伤是日灼病中最严重的症状,其直接诱因是果面温度过高,从而造成表皮及次表皮细胞坏死。受害初期,受害部位变白、变褐,呈

热水烫伤状,随着病部失水干枯,最终形成暗黑色或褐黑色凹陷病斑。坏死型日灼病实际上是一种热伤害,光照并非必需条件,之所以发生在果实的向阳面,是因为在直射光照射下,果面温度会快速上升,一旦达到临界温度,就会产生症状。在葡萄上发生的被称为"气灼病"的日灼病,其发病初期,果肉先变成褐色坏死状,而后果皮变成浅褐色,并开始凹陷,果穗上下左右部位的果粒均有症状出现,也应被归于此种类型。

3.白化型日灼伤

白化型日灼伤主要是由果面光照条件突然改变引起的。例如,内膛遮阴处的果实,或者被叶片遮盖的果实,一旦突然暴露在较强的光照下,这些部位很快出现失绿漂白斑块。套袋苹果去袋后最易出现这样的日灼伤,甚至采收后堆放的果实,如果较长时间直接暴露在太阳光下,也会出现这样的症状。

二 防治方法研究

1.培养合理树体与叶幕结构

保持中度的树体结构,通过修剪调节枝叶量,要求既不能过密也不能过稀。苹果、梨等幼树多留辅养枝,多留内膛与背侧方向的果,做到叶里藏果。对于葡萄来说,保持枝条的均匀分布,控制枝条的徒长,做好摘心等夏季管理,生产中可采用除顶部 1~2 个副梢适当长留外,其余副梢留 1 片叶后摘心处理。这样既不至于发生冠内郁蔽,又能有效地减轻日灼,还增加了功能叶,增强了光合作用。对易发生日灼病的葡萄品种,宜在果穗附近保留 1~2 个副梢,等日灼敏感期过后再进行摘心。

2.肥水管理

伏旱时灌水,灌后浅中耕,保持适宜的土壤湿度可显著减轻日灼的发生。灌水要选择在地温较低的时间进行,要小水勤灌,避免大水漫灌。注意改善土壤结构,氮肥、磷肥、钾肥合理搭配使用,避免过多使用速效氮肥,要特别重视钾肥的施用。深翻土壤结合施用有机质,提高土壤的保水保肥能力。连续阴雨天后田间要及时排涝。

3.喷水降温

在对葡萄日灼病的大量田间调查发现,提前喷洒波尔多液的果园,其发病明显减轻,由此可以推论田间喷洒波尔多液在防治一般真菌病害的同时对果实日灼病也有明显的预防作用。在可能发生果实日灼病的天气里,中午前喷洒清水或0.2%~0.3%的磷酸二氢钾于叶部和果面,对其有一定的预防作用。

4.套袋与除袋

果实套袋应避免在中午高温时间,尽量选择在早、晚气温较低的时间进行。在温度变化剧烈的天气不要套袋,如阴雨后突然转晴的天气。套袋时,将果袋完全撑开,尽量使果实悬挂于袋子中央,避免果实紧贴果袋。套袋果实一次性全除袋后突遇强光易发生果实日灼伤害。由于果实日灼主要与高温强光胁迫有关,因此,分次除袋更有利于增强套袋果对强光的适应性。

5.地面覆盖及间作

树盘覆盖秸秆,白天可减少土壤温度的升高,并可保持水分,利于根系对土壤水分的正常吸收,减轻危害。田间进行低秆作物的间作套种,减少地面裸露,可减少阳光对地面的直接照射而引起的土壤温度过分升高,避免出现导致日灼发生的田间小气候。

▶ 第三节 葡萄冻害的防治技术

冻害是我国经常发生的一种自然灾害,轻者枝、芽受冻,造成减产;重

者主干受冻,整株死亡,对葡萄生产威胁很大。葡萄各器官、各组织及不同部位的生理状态不同,对低温的抵抗能力也不一样,发生冻害的表现也不同。

一 冻害对葡萄的影响

在葡萄越冬期间或冷暖气候交替季节,急剧降温可使葡萄处在低温环境,导致组织受损,生理活动受到影响,生长发育受到抑制。葡萄冻害较轻时,影响发芽,导致减产;严重时会导致大树死亡。

二 冻害的症状

1.枝条

枝条冻害的程度与成熟度有关。秋季贪青徒长、生长不充实的枝条最易受冻害。成熟的枝条,各组织中以形成层最抗寒,皮层次之,木质部及髓部最差。轻微受冻时髓部变褐,随着冻害的加重,木质部、韧皮部及皮层相继变褐变黑。多年生枝条受冻害时,常表现树皮局部受冻。受冻部位皮层下陷,表皮变为深褐色,组织坏死,这常是病菌入侵的部位。多年生枝杈或主枝基角内部,输导组织发育差,营养物质积累少,进入休眠期较迟,容易遭受冻害。

2.树干

当气温急剧下降时,主干皮层组织迅速冷缩,内部木质部产生应力,将树皮撑开而形成纵裂,树皮常沿裂缝脱离木质部,或内外卷折。一般生长过旺的幼树主干易受冻害。根颈是地上部和根系交接的地方,停止生长晚而活动开始早,抗寒性差;同时近地表处温度变化也较大,所以根颈易受冻害。

3.根系

一般葡萄根系较地上部抗冻能力差。根系无休眠期,所以形成层最易受冻,皮层次之,而木质部抗寒力较强。根系受冻后变褐色,皮部易与木质部分离,地上部发芽晚,生长弱,待新根发出后才能正常生长。

三 防止冻害的主要措施

1.栽培抗寒(冻)品种,适地适栽

栽培抗寒(冻)的品种或花期能避开晚霜危害的品种,可有效减轻冻害。此外,种植葡萄时,要选择风小、土层较厚、地下水位低的地块,不在洼地建园。同时,要选择适应当地气候条件的品种,经过试栽,达到栽培要求的产量和品质时,才能在当地推广。

2.改良土壤,增施磷钾肥和有机质

土壤性质能影响附近地面的气温,因此通过改良土壤性质可以增强葡萄的防冻能力。湿润坚实无杂草的土壤,可降低地面热量的散失而减轻冻害。增施磷钾肥和有机质,能增加土壤腐殖质含量,改进土壤的团粒结构,从而提高地温,防止葡萄根系受冻。此外,增施钾肥不仅能为葡萄提供养分,还能提高根系细胞液中钾离子浓度,使冰点下降,从而增强葡萄抗冻能力。

3.加强栽培管理

葡萄生长后期,免施氮肥,多施磷钾肥,控制灌水,能防止贪青徒长,提高叶片光合效能,促进营养物质的积累,促进枝条木质化,使树中庸健壮,适时进入休眠。

4.高接栽培,营造防风林

利用抗寒砧木进行高接,能提高栽培品种的抗冻能力。防风林能阻挡冷空气,降低风速,从而形成有效的防风林小气候。林带有保温作用,当

冷空气侵袭降温时,能使林内气温比林外高 0.5~2 ℃,从而起到减轻和防止霜冻的作用。

5.树干涂白,做好树体保护

在葡萄落叶后或早春,用涂白剂把葡萄主干和主枝涂白,对防止冻害有良好的作用。过冬前,采取保护树体的措施,也能防止冻害,如对幼树埋土、大树根颈部培土、树干包草等。对遭受冻害的葡萄,应加强土壤管理,保证前期的水分供应,施用氮肥,促进新梢前期生长。除剪去受冻枯死部分外,对其他枝要晚剪和轻剪。对新萌发的徒长枝要保留,以备更新应用。对根颈受冻的葡萄,应进行桥接或根接,以利恢复树势。在经常出现晚霜的地方,根据天气预报,于晚霜即将到来时,点燃熏烟材料。

▶ 第四节　葡萄涝害的防治技术

一 涝害对葡萄的危害

葡萄园长期积水会引起明涝;地下水位升高或水在根部蓄积,会造成内涝暗渍。葡萄园受涝后,土壤通气不良,土壤温度下降,影响根系的正常生理活动,严重时导致根系大量死亡;影响葡萄的生长发育,引起贪青或淹坏淹死葡萄,影响第二年的产量。葡萄受涝后,轻者出现早期落叶、落果、裂果;严重时,树冠出现枯枝和失绿现象,树势减弱,甚至全株枯死。葡萄不同品种间抗涝性也有很大差异,同一品种不同砧木反应也不一样,幼树抗涝力较弱,随树龄增加抗涝力增强。凡不利于根系呼吸的因素,如土壤黏性较重、心土透水透气不良、栽植过深等,都会使涝害加重。

二 灾后管理技术

1.开沟排水

洪水退后,低洼地仍有积水,应及时挖沟疏渠,排除积水,加速表土干燥。

2.扶树洗叶

被洪水冲倒冲歪的葡萄植株应尽快扶正,并培土固定树盘,但不宜在根颈处培土过厚,以防烂根。清除树上杂物及病枯枝叶,洗去叶面泥土。清除树冠残留异物,用清水喷洗树冠。

3.全园松土

水淹后,园地板结,造成根系缺氧。在脚踩表土不粘时,进行浅耕松土,促发新根。如土壤黏重,积水排除后不宜立即下地作业。先清除树盘淤泥,然后进行树盘或全园耕翻。翻土深度不宜过大,以免过多伤根。对黏性较重的土壤或心土有不透水层者可换土改良。

4.根外追肥

葡萄受涝后根系受损,吸收肥水的能力较弱,不宜立即根施肥料,可结合病虫防治,在药液中加 0.4%~0.5%尿素和 0.3%~0.4%磷酸二氢钾喷布叶面。每隔 10 d 左右一次,连喷 2~3 次。

5.根际追肥

待树势恢复后,再土施腐熟人畜粪尿、饼肥或尿素,诱发新根。冬季前重施基肥,引根深扎。

6.适度修剪

由于受涝树根系吸收肥水能力弱,为减少枝叶水分蒸发和树体养分消耗,控上促下,保持地上部与地下部平衡,必须进行修剪。一般重灾树修剪稍重,轻灾树宜轻。根系腐烂、落叶严重的树应回缩多年生枝,并适

当断根换土。树体、长势正常的成年树,可只剪除黄叶枯枝,任其挂果。幼树、衰弱树或病害严重树应摘去部分或全部果实。可配合抹芽控梢,促发健壮秋梢。

7.病虫防治

淹水时间过长易诱发脚腐病和树脂病,引起枝干裂皮流胶,招致天牛等枝干害虫产卵为害。对病树可挖土晾根,刮治病斑,即用刮刀将病斑刮除至健部,然后用杀菌剂进行伤口消毒,再涂以波尔多液。脚腐病特别严重时,可采用靠接换砧方法挽救。

8.防冻保暖

可采用树干培土(春季气温回升后将土耙平)、灌水(寒潮来临前利用沟渠灌水,寒潮过后立即排水)、覆盖草等防寒措施,以利越冬。

第十章

葡萄土肥水精准管理

第一节 土壤管理

一 土壤覆盖

1.有机物覆盖

有机物覆盖能够调节土壤温度,保护根系冬季免受冻害,促进早春根系活动;降低夏季表面地温,防止沙地葡萄园根系灼伤,延长秋季根系生长时间,提高根系吸收能力。同时,覆盖物腐烂或翻入土壤后,增加了土壤中有机质的含量,可促进团粒结构形成,增强土壤保水性和通气性,促进微生物生长和活动,有利于有机养分的分解和利用,抑制杂草生长,防止水土流失,减少水分蒸发。有机物覆盖主要是覆草,在春季施肥、灌水后进行。覆盖材料可以用麦秸、麦糠、玉米秸、干草等。把覆盖物覆盖在树下,厚度 15~20 cm,上面压少量土,连覆 3~4 年后浅翻 1 次。

2.地膜覆盖

幼树定植后用薄膜覆盖定植穴。一是可以保持根际周围的水分,减少蒸发。二是提高地温,促使新根萌发。三是提高定植成活率,覆膜可使成活率提高 15%~20%。进入盛果期的葡萄园土壤铺设地膜,可改善架面光照条件,特别是架面下部的光照条件。改善光照可提高浆果含糖量和促

着色,缩小架面上下部果实品质的差异,同时抑制杂草生长及盐分上升。

二 果园生草

葡萄园生草一方面可以改良土壤,提高土壤有机质含量,减少肥料投入成本;改善土壤结构,尤其对质地黏重的土壤,作用更为明显。另一方面可以调节土壤温度,葡萄园生草后增加了地面覆盖层,减少了土壤表层温度变幅,有利于果树根系的生长发育。夏季中午,清耕的沙地果园裸露地表的温度可在 65~70 ℃,而生草园仅有 25~40 ℃。冬季低温季节,葡萄园生草可减少冻土层厚度。此外,葡萄园生草还可以改善葡萄园的生态条件,生草增加了害虫天敌数量,从而抑制害虫发生。山坡地葡萄园生草可起到保水、保肥和保土的作用。生草可固沙固土,减少地表径流对山地和坡地土壤的侵蚀。同时,生草可将无机肥转变为有机肥,并将其固定在土壤中,增加了土壤的蓄水能力,减少了肥水的流失。

葡萄园生草的方法是行间种植三叶草、毛叶苕子、苜蓿草、菊苣、黑麦草、苏丹草等,5~7 年后,春季翻压,休养 1~2 年后重新生草。人工生草和自然生草,都不能让杂草长得过高,草长至 30~40 cm 时刈割或喷除草剂杀死杂草,每年刈割 2~4 次。刈割后的草可覆于土壤表面,也可深埋。

三 土壤深翻

1.深翻的意义

土壤深翻有利于改善黏土土壤结构和理化性状,增加活土层厚度,加速土壤熟化,增加土壤孔隙度和保水能力,促进土壤微生物活动和矿质元素的释放;改善深层根系生长环境,增加深层吸收根数量,提高根系吸收养分和水分能力,增强和稳定树势。但深翻方法不当会造成树势衰弱,特别是对成年大树和在沙性土壤中栽植的树,这种现象尤其明显。

深翻时期:定植前是土壤深翻的最佳时期,定植前没进行深翻的,在定植后第 2 年进行。成年葡萄园根系已经布满全园土壤,深翻难免伤及根系,没有特殊需要,一般不进行大规模深翻,只在秋施基肥时适当挖深施肥穴,以达到深翻目的。若需要打破地下板结层或改良深层土壤,深翻应在 9 月底 10 月初进行,这时果实已经采收,养分开始回流根系,正值根系又一次生长高峰期,断根愈合快,当年即能发出部分新根,对次年生长影响小。冬季深翻,断根伤口愈合慢,当年不能长出新根,有时还会导致根系受冻。春季深翻效果最差,深翻截断部分根系,影响开花坐果及新梢生长,还会引起树势衰弱。

2.深翻方法

葡萄定植前应全园深翻一遍,定植前没有进行深翻的,可于定植后的第 2 年采用扩穴(沟)深翻,在定植穴(沟)外挖环状沟或平行沟,深 60~80 cm,3~4 年完成深翻,直至株间、行间接通为止。土壤回填混合有机肥,表土掺混作物秸秆、杂草等并放在底层,底土放在上层,然后充分灌水,使根土密接。待全园深翻一遍后,以后即不需再行深翻,可 2~3 年进行一次土壤浅翻。

土壤浅翻:葡萄根系主要分布在 20~40 cm 土层中,结合秋季撒施基肥,葡萄行间翻耕 20~40 cm 深,创造一个土质疏松、有机质含量高、保水通气良好的耕作层,对植株良好生长具有明显作用。浅翻可熟化耕作层土壤,增加耕作层中根的数量,减少田间杂草,消灭在土壤中越冬的害虫。浅翻应从距树干 0.5 m 左右处开始。

四 中耕

中耕是调节土壤湿度和温度、消灭恶性杂草的有效措施。春季 3 月底 4 月初,杂草萌生,土壤水分不足,地温低,中耕对促进开花结果和新梢生

长非常有利。夏季阴雨连绵，杂草生长旺盛，中耕对降低土壤湿度、抑制杂草生长和节约土壤养分非常有利。中耕时间及次数根据土壤湿度、温度、杂草生长情况而定。中耕深度以 5~10 cm 为宜。

五 果园间作

葡萄在定植的前两年，没有进入盛果期前，树体相对较小，为了充分利用空间，增加葡萄园的前期收益，可于行间进行间作。间作物应以矮秆作物为宜，根系不能太发达，既不影响葡萄生长，又能产生一定的经济效益。适宜的间作物有花生、大豆、绿豆、蔬菜、瓜类、中草药等。豆科作物有固氮作用，是葡萄理想的间作物。间作物不能种得离葡萄植株太近，一般应与葡萄树保持 0.6~0.8 m 的距离。

六 果园综合利用

1.果、草、牧生产模式

在棚架或架面高的葡萄园，实行生草制。地面长满绿油油的青草，在园内养鸡、养鸭，鸭吃草、鸡吃虫，鸡鸭的粪便还田，这样既可增加土壤的有机质，又可改善果园的生态环境。

2.建沼气池

利用畜禽粪便，建立大沼气池生产沼气，不但能清洁环境，还能为家庭提供新型能源，为葡萄园提供安全的有机肥。

3.资源综合利用

葡萄修剪下的枝条粉碎后，可用作香菇等食用菌培养基，生产香菇等食用菌，还可经沤制作为有机肥。

▶ 第二节　肥料管理

一　基肥

基肥以有机肥为主,施肥量可占全年总施肥量的80%。葡萄采收后及时增施基肥。其优点是,不仅可以增强叶片光合功能,增加光合产物积累,促进花芽的进一步分化,同时由于光合作用制造的碳水化合物回流至根系,贮藏于枝蔓中,有利于提高树体的抗寒、抗旱性,增强越冬能力。在不埋土防寒地区,施基肥显得尤其重要。在秋施基肥时伤及的根,由于此时土温还较高,根系仍处于活跃生长期,非常有利于伤口的愈合,并且在伤口处可以产生大量吸收根,对翌年葡萄发芽、新梢生长及开花坐果都有好处。另外,采果后由于环境温度还较高,施基肥非常有利于养分的分解和转化,便于翌年根系对养分的吸收利用。

1.施肥方法

(1)条沟施肥。对成年树来说,在离树干80 cm处(一般以挖条沟时能见到细小的根而又不会伤到大根为宜)挖深、宽均为40~50 cm的条沟,最好是顺行向挖沟,将落叶、杂草、树枝、农作物秸秆等填入沟底,填入肥料后覆土,土、肥混合,有利于提高肥料的利用率。

(2)全园撒施。盛果期的密植园,根系已经布满全园,为提高肥料利用率,可全园撒施有机肥,然后将有机肥耕翻入土。但此法施肥较浅,根系易上翻,2~4年可采用1次。

2.施肥量

按葡萄品种、长势施肥。优质畜禽肥的施用量:从第二年挂果开始,长势较弱品种每亩施用2 000 kg,长势中庸品种施用1 500 kg,长势旺品种

施用 1 000 kg 左右。各种品种配施过磷酸钙 50 kg 左右,或钙镁磷肥 100 kg 左右。

二 根际追肥

在葡萄生长发育的关键时期,如萌芽期、花期、幼果膨大期、浆果成熟期等,还需追施肥料以满足其生长发育的需要。在生长前期需要的主要是氮磷肥,后期主要是磷钾肥。由于植物对有机肥中的营养吸收较慢,不能立即满足植株生长之需要,因此在葡萄生长过程中需通过追施速效肥,如各种复合肥、尿素等,来满足葡萄生长发育的需要。

1.施肥方法及施肥量

催芽肥。在葡萄萌芽前 15 d 左右,追施氮磷钾复合肥,供葡萄发芽、新梢生长和开花所需,可减轻花芽退化。如果此期氮素营养过多,则会导致枝叶徒长,加重落花落果。对于树势较弱的品种,每亩可施氮磷钾复合肥 20~25 kg,配施尿素 15 kg;对于树势中庸的品种,可施氮磷钾复合肥 15~20 kg,配施尿素 7.5~10 kg;对于树势旺的品种,可不追肥。

幼果膨大肥。果实膨大有两次,第 1 次是需氮磷钾最多的时期,是除基肥外施肥量最多的时期。施肥时间以生理落果基本结束后为宜,偏早会加重落花落果,特别是不容易坐果的品种;偏晚则会影响幼果膨大。对于坐果较好的品种,可在花后 11~15 d 追施,以促使适当多落果,减轻疏果用工。在幼果膨大期宜追施氮磷钾复合肥,每亩可施 30 kg 左右,对弱树及当年挂果量大的树可配施 10 kg 尿素。第 2 次膨大肥,亦称着色肥,在硬核期施肥。此期施肥有增大果粒、促进着色、提高果实质量的作用。对于早熟品种,此期可不追肥,但早熟品种挂果偏多时也需追施;对中晚熟品种,不论树势强弱,都应该追施。此期追肥宜选用钾肥,以硫酸钾为宜,每亩追施 20 kg。

2.注意事项

根际追肥时施肥面要尽量大,以使大部分根系都能得到营养。不宜穴施,因为穴施肥料集中于一点,多数根不能及时吸收到养分;同时穴施还会造成肥料浓度局部过高,易造成肥害。追肥的深度通常在 10~20 cm,距离主干 40~80 cm;幼龄树在 40 cm 左右,以后逐年外移至 80 cm。

三 叶面喷肥

叶面喷肥见效快,可作为根际追肥的有效补充,进一步满足葡萄生长发育所需。葡萄整个生长期都可进行根外追肥,追肥可以结合喷药进行,把易溶于水且适宜与药液混合的肥料与药液喷施, 可有效地减少用工,节省开支。如叶面喷施 0.3%~0.5%的尿素、0.3%磷酸二氢钾、0.5%硝酸钙及各种微量元素。

第三节 灌溉与排水

一 灌水时期

葡萄一年中需水的规律是前多后少,掌握灌控原则,可以达到促控的目的。按物候期,生产上通常采用萌芽水、花后水、催果水、封冻水 4 次灌水。一般认为土壤持水量在 60%~70%是葡萄树生长适宜的湿度,当持水量小于 50%,又持续干旱时就需灌水。

二 灌水方法

葡萄常见的灌水方法有沟灌、穴灌、喷灌、滴灌、渗灌等,以滴灌和渗灌最佳,这两种方法不但节约水,还不会使土壤温度由于灌水而大幅度

变化。葡萄灌水忌大水漫灌,特别是夏季高温会使植株根系由于突然降温而降低对营养的吸收,从而抑制植株生长。此外,夏季忌使用刚从深井里打出的水直接灌溉。

三 灌水量

葡萄树每生产 1 g 干物质需消耗 400 g 的水,若每亩产 2 000 kg 葡萄的果园,果实干物质按 10% 计算,为 200 kg,形成果实所需枝、叶、根等果实外的干物质约为果实的 3 倍即 600 kg,则生长期间每亩果园需水 620 L。在生产中难以计量灌水量,往往以灌透根系主要分布层(20~40 cm)为宜。

四 排水

低洼地或地下水位高的平地,雨季易积水。积水时间过长,根系呼吸受阻,影响肥水的利用能力,会造成白色吸收根系的死亡;土壤中因积水还会产生有害物质,引起烂根,造成与干旱类似的落叶、死树症状。因此,建园时必须设立排水系统。7、8 月份雨季正值早、中熟葡萄的成熟期,此期雨水过多,对葡萄果实的糖分累积和着色都不利,同时果园的高湿环境容易滋生炭疽病、霜霉病、白腐病、酸腐病等病害。因此,葡萄园内必须预先做好排水准备,保证雨水过多时能够将其及时、通畅地排至园外。

第十一章　葡萄采收、分级与包装

▶ 第一节　葡萄采收

一　采前准备

采收前20 d,应做好估产工作,拟定采收、分级、包装、运输、贮藏、加工、销售等一系列计划,准备好采收所需的运输工具、包装材料,配备好采收人员等。

1.果园清理

在采收前的3 d,应进行1次果园的清理工作。清除树上的烂果、干果、病果以及品质差、青粒小粒较多的果穗。鲜食葡萄采前还应注意剔除果穗下端糖度低、味酸、柔软的果粒(一般是患水罐病的果粒)和果穗上面的烂粒、病果,以及有色品种的青粒等。为降低农药残留,无论用作酿酒的葡萄还是用作鲜食的葡萄,一般采收前20 d不再喷药。

2.工具和材料准备

果实采收前,应准备好包装材料,以及采摘和运输工具。鲜食葡萄还应备好包装纸、网套、标签以及胶带等;运输工具包括板车、农用三轮车等小型园间运输工具;采收工具包括果篮、果筐、采果剪刀等,果篮、果筐的内壁要用布或编织袋等包裹,以免碰伤果实。

3.场地准备

准备采收时果实堆放的场地,设置通风凉棚(常用黑色遮阳网搭建),凉棚也可设在园林林荫干道边、葡萄棚架下或防风林带下等。用来贮藏的鲜食葡萄从田间采收后,本身带有大量田间热,必须经过预冷降温,降低呼吸强度和乙烯的释放量,才能入库或入窖贮藏。

二 采收时期

葡萄的成熟期,可以分为可采成熟期、食用成熟期和生理成熟期。在生产过程中,常常综合考虑天气状况、采收葡萄的用途、果实的综合品质等因素来确定具体的采收时间。要求在最佳食用成熟期采收,通常采用以下几种综合鉴别方法:一是果粒着色情况。白色品种由绿色变绿黄色或黄绿色或白色,有色品种果皮叶绿素分解,底色花青素、类胡萝卜素等色彩变得鲜明,果粒表面出现较厚的果粉。二是浆果果肉变软,富有弹性。三是结果新梢基部变褐色或红褐色(个别变黄褐色、淡黄色),果穗梗木质化程度较高。四是果实的糖酸以及风味达到品种本身固有特性,种子呈暗褐色。

三 判断成熟度的方法

主要根据葡萄从萌芽到果实充分成熟的时间来确定。极早熟品种是指从萌芽到果实充分成熟为95~105 d的品种;早熟品种是指从萌芽到果实充分成熟需105~115 d的品种;中熟品种是指从萌芽到果实充分成熟需115~130 d的品种;晚熟品种是指从萌芽到果实充分成熟需130~150 d的品种;极晚熟品种是指从萌芽到果实充分成熟需150~175 d的品种。同一个品种在不同地区和不同的年份的成熟期都有变化,生产中常根据以下方法来判断:

1.果实色泽

白色品种由绿色变成黄绿或黄白色,略呈透明状;紫色品种由绿色变成浅紫色、紫红色,果皮上面具有白色果粉;红色品种由绿色变成浅红色或深红色。

2.果实风味

根据果肉的甜酸、风味和香气等综合口感,是否体现本品种固有的特性来判断。

3.种子色泽

种子的成熟程度是果实成熟度的一个重要指标,一般说来,葡萄浆果的成熟与种子饱满程度及种子颜色的变化关系密切。已经充分成熟的葡萄果实,种子变成褐色。

4.可溶性固形物含量

葡萄果实的成熟度提高,可溶性固形物含量也会增大,酸性物质含量就会降低。不同品种的葡萄, 浆果成熟时具有相对应的糖含量指标,如"早黑宝"葡萄成熟时可溶性固形物含量为 15.8%,"夏黑"葡萄成熟时可溶性固形物含量在 20%~22%。但采收前天气情况对该指标的影响很大,如在采收前连续降雨,可溶性固形物可降低 1% 以上;而连日的晴天,昼夜温差大,有利于可溶性固形物含量增加。

▶ 第二节 葡萄分级

一 分级标准

1.分级依据

我国于 2001 年颁布农业行业标准《鲜食葡萄》(NYT 470—2001),这

是全国各地鲜食葡萄分级的主要依据。

2.分级内容

参照《鲜食葡萄》(NYT 470—2001),根据鲜食葡萄的外观、大小、内在品质、着色程度、果面缺陷、可溶性固形物和风味等提出了3个等级标准,见表11-1。

表 11 - 1　鲜食葡萄等级标准表

项目名称	一等果	二等果	三等果
果穗基本要求	果实完整,不落粒,洁净,无异常气味,无非正常的外来水分,无机械伤,果梗发育良好并健壮,新鲜,无伤害;果蒂部新鲜,不皱缩;果穗无小青粒,无水灌子病,无干缩果,无腐烂		
果粒基本要求	果粒充分发育;充分成熟		
果穗大小/kg	0.4~0.8	0.3~0.4	<0.3 或>0.8
果粒着生紧密度	中等紧密	中等紧密	极紧密或稀疏
果粒形状	果形端正,具有本品种固有特征	果形端正,允许轻微缺陷	果实允许轻微缺陷,但仍保持本品种特征
果粒大小(较平均粒重)	≥15%	≥平均值	<平均值
着色	好	良好	较好
果粉	完整	完整	基本完整
果面缺陷	无	缺陷果粒≤2%	缺陷果粒≤5%
二氧化硫伤害	无	受伤果粒≤2%	受伤果粒≤5%
可溶性固形物含量	≥15%	≥平均值	<平均值
风味	好	良好	较好

(二) 分级方法

鲜食葡萄目前的分级方法仍然以手工分级为主,在果形、果实新鲜度、果穗整齐度、色泽、品质、病虫害、机械伤、果皮光洁度、污染物百分比等方面已符合要求的基础上,再按果穗、果粒大小分级。

三 质量检验

葡萄质量检验是果品从生产领域进入流通领域过程中必须进行的一道重要程序,是进行葡萄规范化生产和提高经济效益的一项重要举措。

1.质量检验的方法

葡萄质量检验的方法有感官检验法和理化检验法两种。感官检验法是检验者用口、眼、鼻、耳、手等感官判断果实品质与规格的一种方法。理化检验是指借助仪器设备对葡萄的某些质量指标进行检验,是检验果品内在品质的重要手段。

2.质量检验的内容

葡萄质量检验的内容主要包括外观品质、内在品质指标和卫生指标3个方面。

(1)外观品质。主要包括果穗、果粒、果品色泽、果实的风味、缺陷果(病果、虫果)、畸形果等指标,具体包括:果穗的大小、形状以及穗形的整齐度。果粒的大小、形状、疏密程度是否呈现品种的典型性。葡萄的着色程度、(红色、黑色、黄色品种)是否达到本品种应具有的色泽。葡萄的酸甜度和风味是否达到该品种本身固有的特性,有无异味和酸涩感。果粒有无机械伤、药害、病虫危害以及裂果发生等。

(2)内在品质指标。主要是指葡萄果实中的糖酸等物质的含量。不同品种的果实内糖、酸含量有所不同。对此,农业农村部已发布的《鲜食葡萄》(NY/T 470—2001)标准中有明确的规定,如"玫瑰香"葡萄果实可溶性固形物含量须达到17%;"里扎马特"应达到15%;"京秀"应达到16%;"巨峰"和"无核鸡心"应达到15%等。而对各种品种的含酸量要求在0.45%~0.8%。

(3)卫生指标。根据葡萄生产的实际情况,主要规定了11种有害物质

和农药的限量标准。按每千克葡萄果实中的含量计算,砷的含量应小于 0.5 mg,铅的含量应小于 0.2 mg,镉的含量应小于 0.03 mg,汞的含量应小于 0.01 mg,敌敌畏的含量应小于 0.2 mg,杀螟硫磷的含量应小于 0.4 mg,溴氰菊酯的含量应小于 0.1 mg,氰戊菊酯的含量应小于 0.2 mg,敌百虫的含量应小于 0.1 mg,百菌清的含量应小于 1 mg,多菌灵的含量应小于0.5 mg。除上述 11 项指标外,无公害鲜食葡萄生产还必须遵照《中华人民共和国农药管理条例》的规定,在生产过程中不得使用其他任何剧毒、高毒和高残留农药。

（四）果品检验规则

产品检验是一个严肃的审定过程,对此国家制定有严格的规则和方法。首先是组批规则,即在进行检验时,将同一产地、同时采收的葡萄产品列为同一个检验批次进行检验,抽样严格按照《新鲜水果和蔬菜取样方法》（GB/T 8855—2008）中规定的方法进行。特别要注意的是抽样的随机性和抽取样品的数量(一般不少于待检果品总量的 2%),防止人为地或有意地片面取样。只有在随机取样和取样量适中的情况下,才能真正反映产品质量的真实情况。

▶ 第三节　葡萄包装

一　包装的类型

1.运输包装

为了降低运输流通过程对果品的损坏,保障果品的安全,方便贮运和装卸,通常将包装中以储运为主要目的的包装称为运输包装,又称外包装。运输包装通常分为单件包装和集合包装。单件包装指果品在运输过程中作为一个计件单位的包装。葡萄常用木箱、纸箱、塑料筐等进行单件包装。集合包装是将一定数量的单件包装组合成一件大的包装,或装入大的包装容器。近年,常用冷藏车或冷藏集装箱外运葡萄。

2.销售包装

又称内包装或小包装,它是果品与消费者直接见面时的包装,便于陈列展销,便于识别商品,便于携带和使用。由于葡萄具有皮薄、果汁丰富、容易损伤等特点,因此在包装上有一系列的安全要求指标。

二 包装材料

包装材料主要有包装箱、塑料袋、衬垫纸、捆扎带等。

三 包装要求

1.包装容器

要求选用无毒、无异味、光滑、洁净、质轻、坚固、价廉、美观的材料制作的包装容器。

2.包装箱

常用的葡萄包装箱有木条箱、纸箱、钙塑瓦楞箱和塑料箱。对于要进行贮藏和保鲜的葡萄,宜选用通透性好的木条箱或带通气孔的塑料箱,可根据具体用途分为 5~10 kg 的容量规格。纸制包装箱选用双瓦楞纸箱,外形为对开盖、长方体。技术指标符合 GB/T 6543—2008 瓦楞纸箱标准的规定。纸制箱的规格可根据具体用途分为 1~5 kg 的容量规格,具体技术指标应符合 GB/T 6543—2008 的规定。

3.塑料袋

塑料袋采用食品包装允许使用的无毒、清洁、柔软的塑料膜制作,大

小规格根据果实大小和形状来确定。此外,衬垫纸、捆扎带、胶布等包装物应清洁、无毒、柔软,质量符合 GB 4806.8—2016 食品包装用原纸卫生标准的要求。

四 果品检验等级

每个包装件内应装入产地、等级、成熟度、色泽一致的果实,不得混入腐烂变质、损伤及病害果等。

五 果品标记

按照 GB 7718—2011 的规定,包装箱上应标明产品名称、数量、产地、包装日期、生产单位、产品标准编号、特定标志、储运注意事项等内容,字迹应清晰、完整,无错别字,标志内容必须与产品实际情况相符合。

六 包装方法

1.单穗包装

葡萄果实分级后采用一穗一袋的包装方式。选用透明、带孔的薄膜塑料袋,也可用塑料托盘或纸质托盘上盛装葡萄果穗后再覆盖透明薄膜,在葡萄小包装袋上印制商标、品名、产地和公司名称等。

2.单件包装

把经过分级筛选的葡萄果穗按相同级别装箱,箱内应衬有保鲜袋。单层摆放的葡萄,装箱时应将穗轴朝上,葡萄果穗从箱的一侧开始向另一侧按顺序穗穗紧靠;双层果穗装箱时,果穗应平放于箱内,先摆放底层,再放顶层,摆放方法与单层果箱一样,摆放时果穗不要高出箱沿。

第四节　贮藏运输

一　贮藏

1.贮藏条件(果实、温度、湿度、气体)

(1)贮藏量。贮藏用的果窖或冷库的容积和果品的贮藏量要有一定的比例,避免因超出容器的贮藏范围而影响果品贮藏效果。

(2)贮藏环境的卫生。贮藏窖或冷库,以及装果品用的容器和相关工具,都应消毒灭菌,将微生物控制在尽可能低的范围,一般在葡萄入窖前用硫黄粉熏窖。

(3)环境气体成分。合理增加 CO_2 浓度、降低 O_2 浓度,可在一定程度上降低果实的呼吸强度,延缓果实衰老,抑制病原菌的生长和繁殖。葡萄贮藏过程中释放的乙烯气体,能增强呼吸、促进衰老,不利于贮藏,可通过加 SO_2 等保鲜剂来降低乙烯含量;或用高锰酸钾作为乙烯吸收剂,降低乙烯浓度。

(4)湿度。保持较高的相对湿度,可以减少葡萄果实在贮藏期间的自然损耗,保持果品的新鲜度。但湿度过大,库房内的墙壁、贮藏容器等处和浆果表面易凝结水珠,给微生物的侵染创造条件,引起浆果腐烂。一般葡萄贮藏适宜的相对湿度为 90%~92%,如采用塑料保鲜袋,以袋内不出现露珠为宜。为防止袋内葡萄与水珠接触,可在袋内放吸水纸等。

(5)温度。葡萄果实的呼吸强度随温度的降低而降低,果实保鲜的最低温度不能低于果穗的冰点温度。葡萄贮藏的最适温度为−2~0 ℃,以−1.5~0 ℃为最好。不同品种之间有差别,早熟品种和含糖低的品种适宜较高的贮藏温度,晚熟品种和含糖量高的品种适宜较低的贮藏温度。

2.贮藏方法（冷藏、气调）

（1）窖藏、缸藏、沟藏等简易贮藏方法由于贮藏量小、贮藏效果差等原因，现已很少使用。目前采用的主要贮藏方法是冷库贮藏。

（2）冷库贮藏有塑料薄膜袋贮藏和塑料薄膜帐贮藏两种方法。

塑料薄膜袋贮藏。适期晚采→分级、修穗→田间直接装入内衬薄膜袋的包装箱内→敞口预冷至0℃左右→扎口码垛或上架贮藏；也有的采用预冷后再装袋、放防腐剂扎口贮藏，但效果不如前者。

塑料薄膜帐贮藏。适期采收→分级、修穗→装箱（木箱或塑料箱）→敞口预冷至0℃左右→上架码垛→密封大帐→定期防腐处理。

采用以上两种方法，由于有薄膜保温，袋内或帐内湿度可以保证，果实的保鲜效果良好。

二 运输

鲜食葡萄常用冷藏车或集装箱运输，包装以单层木箱为主，短途运输可采用塑料周转箱等包装。酿酒葡萄的运输有大包装运输和小包装运输两种。大包装采用长方形敞口铁皮罐，容量一般在$(1.5\sim2.5)\times10^4$ kg，上面用防雨布遮盖；小包装则用塑料周转箱，葡萄装箱前要注意箱子的卫生情况，装车高度以不超过2.5 m为宜，每层箱子之间一定要扣牢。

主要参考文献

［1］徐义流.安徽特产果树［M］.北京：中国农业出版社，2018：739-823.

［2］孔庆山.中国葡萄志［M］.北京：中国农业科学技术出版社，2004：28-53.

［3］李朝銮.中国植物志（葡萄科）［M］.北京：科学出版社，1998.

［4］李朝銮，曹亚玲，何永华.中国葡萄属分类研究［J］.环境生物学报，1996，2（3）：234-253.

［5］贺普超.葡萄学［M］.北京：中国农业出版社，1999：94-95.

［6］牛立新，贺普超.我国葡萄属野生种形态学特性的研究［J］.葡萄栽培与酿酒，1995（4）：15-17.

［7］牛立新.世界葡萄种质资源研究概况［J］.葡萄栽培与酿酒，1994（3）：18-20.

［8］刘三军，孔庆山.我国野生葡萄分类研究［J］.果树科学，1995，12（4）：224-227.

［9］宫霞，钱正强，赵榕，等.中国野生葡萄属资源研究与利用现状［J］.中外葡萄与葡萄酒，2010（5）：75-79.

［10］王姣，刘崇怀，樊秀彩，等.葡萄种类和品种鉴定技术研究进展［J］.植物遗传资源学报，2008，9（3）：401-405.

［11］王西锐，王华，阮仕立.野生葡萄种质资源及其利用研究进展［J］.中外葡萄与葡萄酒，2001（2）：24-26.

［12］石雪晖.葡萄优质丰产周年管理技术［M］.北京：中国农业出版社，2002.

［13］石雪晖，甘霖，杨国顺，等.南方欧亚种葡萄优质高效无公害配套技术研究［M］.北京：中国农业科学技术出版社，2003.

［14］晁无疾.葡萄优质高效栽培指南［M］.北京：中国农业出版社，2000.

［15］晁无疾，袁志发.中国葡萄属植物分类与亲缘关系的探讨［J］.西北农业大学学报，1990，18（2）：7-12.

［16］晁无疾.保护利用我省野生葡萄资源［J］.陕西农业科学,1985(1):41-42.

［17］游泳,秦英会,周利存,等.3个极早熟葡萄新品种的选育［J］.中国果树,2002
(5):1-3.

［18］巩文红,李志强,李汉友.南方适栽的鲜食葡萄优新品种介绍［J］.中国南方
果树,2005,34(5):49-51.

［19］许传宝,张志昌,孙家京.葡萄极早熟新品种6-12的选育［J］.中国果树,
2008(2):5-9.

［20］赵胜建,郭紫娟,赵淑云.三倍体葡萄新品种"无核早红"［J］.园艺学报,
2000,27(2):155.

［21］王永清,蒋方明,廖明安,等.优质特大粒葡萄新品种"藤稔"［J］.园艺学报,
2005,32(1):177.

［22］范培格,王利军,吴本宏,等.葡萄鲜食早熟红色新品种"京艳"的选育［J］.中
国果树,2012(2):3-6.

［23］杨美容,范培格,张映祝,等.早熟优质葡萄新品种"京秀"［J］.园艺学报,
2003,30(1):117.

［24］徐海英,张国军,闫爱玲,等.优质早熟葡萄新品种"香妃"［J］.园艺学报,
2001,28(4):375,277.

［25］徐海英,张国军,闫爱玲.早熟葡萄新品种"瑞都香玉"［J］.园艺学报,
2009,36(6):929.

［26］徐海英,张国军,闫爱玲.无核葡萄新品种"瑞锋无核"［J］.园艺学报,2005,
32(3):559.

［27］徐海英.葡萄产业配套栽培技术［M］.北京:中国农业出版社,2001.

［28］张国军,闫爱玲,徐海英.葡萄早熟新品种"瑞都香玉"的选育［J］.中国果树,
2009(2):8-11.

［29］徐桂珍,陈景隆,张立明,等.早熟优质葡萄新品种"紫珍香"［J］.中国果树,
1992(3):4-5.

[30] 郭修武,郭印山,李轶辉,等.早熟葡萄新品种"沈农金皇后"[J].园艺学报,
      2010,37(10):1699-1700.

[31] 蒋爱丽,李世诚,杨天仪,等.优质大粒四倍体葡萄新品种"申丰"[J].园艺学
      报,2007,34(4):1063.

[32] 蒋爱丽,李世诚,杨天仪,等.无核葡萄新品种"沪培2号"的选育[J].果树学
      报,2008,25(4):618-619.

[33] 赵常青,严大义,才淑英.美国培育的部分无核葡萄新品种[J].中外葡萄与
      葡萄酒,2002(2):43-44.

[34] 王海波,马宝军,王宝亮,等.葡萄设施栽培的环境调控标准和调控技术[J].
      中外葡萄与葡萄酒,2009(5):35-39.

[35] 王海波,王宝亮,王孝娣,等.葡萄设施栽培高光效省力化树形和叶幕形
      [J].农业工程技术(温室园艺),2009(1):37-39.

[36] 孙其宝,徐义流,俞飞飞,等.葡萄优质高效避雨栽培技术研究[J].中国农学
      通报,2006,22(11):477-479.

[37] 孙其宝,俞飞飞,孙俊,等.避雨设施栽培对"巨峰"系葡萄生长结果特性和
      抗病性的影响[J].安徽农业科学,2006,34(9):1846,1848.

[38] 孙其宝,王伦,俞飞飞,等.葡萄避雨设施栽培及配套技术研究进展[J].安徽
      农业科学,2006,34(18):4560-4561.

[39] 俞飞飞,孙其宝,陆丽娟,等.不同果袋的防病效果及对葡萄品质的影响[J].
      中外葡萄与葡萄酒,2010,9(总146):38-40.

[40] 孙其宝,陆丽娟,周军永,等.安徽葡萄产业发展现状、存在的问题及建议
      [J].中外葡萄与葡萄酒,2017,4(214):114-117.

[41] 吴晓勤,孙其宝,陆丽娟,等."阳光玫瑰"葡萄在庐江县的引种表现及高效
      配套栽培技术[J].现代农业科技,2018(6):64-65.

[42] 周军永,孙其宝,陆丽娟,等.葡萄新品种"沪培2号"引种观察及栽培要点
      [J].中国南方果树,2016,45(1):127-128,132.

［43］陆丽娟,孙其宝,周军永,等."沈农金皇后"葡萄在合肥的引种表现及栽培技术[J].中国南方果树,2015,44(6):152-153.

［44］陆丽娟,孙其宝,周军永,等.鲜食葡萄品种"香妃"在合肥地区的表现及栽培要点[J].北方园艺,2015(14):47-48.

［45］陆丽娟,孙其宝.周军永,等.葡萄品种"瑞都香玉"在安徽合肥的引种表现及栽培技术[J].中国果树,2015(4):66-68.

［46］周军永,陆丽娟,孙其宝,等.安徽地区中晚熟鲜食葡萄品种引种观察及筛选[J].现代农业科技,2015(2):88-89,93.

［47］陆丽娟,周军永,孙其宝,等.早中熟葡萄鲜食品种在合肥地区的引种表现及评价[J].现代农业科技,2015(3):103-104,106.

［48］范西然,孙其宝.萧县葡萄生产现状及产业化发展研究[J].安徽农业科学,2007,35(20):6323-6324.

［49］马述松,马虹,吴思.大葡萄新品种"紫玉"及其栽培技术[J]落叶果树,1999(1):36-37.

［50］王玉环,姜学品,王桂华,等.葡萄新品种"巨玫瑰"的选育[J].中国果树,2003(1):3-6.

［51］沈建生,陈一帆,陈邦君."白罗莎里奥"葡萄的引种表现及优质栽培技术[J].落叶果树,2009(4):19-21.

［52］马艳,修德仁.葡萄二收果产期调节与贮运保鲜[J].南京林业大学学报,2000,24(2):63-65.

［53］李华.葡萄集约化栽培手册[M].西安:西安地图出版社,2001.

［54］房玉林,李华,宋建伟,等.葡萄产期调节的研究进展[J].西北农业学报,2005,14(3):98-101.

［55］吴细卯,程杰元,潘兴.欧亚种葡萄避雨栽培技术[J].果农之友,2009(8):17-18.

［56］吴江,陈俊伟.南方欧亚种葡萄无公害生产的制约因子对策与建议[J].中外

葡萄与葡萄酒,2002(6):31-33.

[57] 薛勇.果树药害产生的原因及补救措施[J].烟台果树,2005,2(90):41.

[58] 张建国,商洪光,王杰明,等.果园药害的发生与防治[J].烟台果树,1999,3(67):15-17.

[59] 李立,冯志刚,王贵,等.果树幼树"抽条"现象的原因及预防措施[J].吉林林业科技,2001,3(30):59-60,62.

[60] 蒯传化,杨朝选,刘三军,等.落叶果树果实日灼病研究进展[J].果树学报,2008,25(6):901-907.

[61] 武深秋.果树冻害与预防[J].内蒙古林业,2004(2):3.